蛇瓜树

彩椒树

日光温室茄子树

番茄树

冬瓜树长廊

日光温室大型西瓜树

甘薯树

黄瓜树

全民科学素质行动计划纲要书系

当代农民科技教育培训丛书

小·康·之·路

蔬菜树栽培技术与管理

中国科学技术协会
中国农业科学院　　组织编写

屈冬玉　杨　旭　丛书主编

杨其长　等　编　著

科学普及出版社

北　京

图书在版编目（CIP）数据

蔬菜树栽培技术与管理/中国科学技术协会普及部，中国农业科学院组织编写．—北京：科学普及出版社，2009．3（2011．8重印）

（全民科学素质行动计划纲要书系　当代农民科技教育培训丛书　小康之路）

ISBN 978-7-110-06268-5

Ⅰ．蔬...　　Ⅱ·①中...　②中...　　Ⅲ．蔬菜园艺

Ⅳ．S63

中国版本图书馆 CIP 数据核字（2009）第 026332 号

科学普及出版社出版

北京市海淀区中关村南大街 16 号　邮政编码：100081

电话：010-62103210　传真：010-62183872

http://www. kjpbooks. com. cn

科学普及出版社发行部发行

北京蓝空印刷厂印刷

*

开本：850 毫米×1168 毫米　1/32　印张：5.375　插页：2　字数：170 字

2009 年 6 月第 1 版　2011 年 8 月第 2 次印刷

定价：16.00 元

ISBN 978-7-110-06268-5/S · 457

策划编辑：史晓红
责任编辑：史晓红　王　雨
责任校对：林　华
责任印制：李春丽

内容简介

　　成千上万个西红柿挂在树上，一堆又一堆的土豆生长在空中，这已经不再是科学幻想，用一个普通蔬菜种子培育成的蔬菜树已经问世。这种蔬菜树式现代培育技术，将使更多蔬菜品种的遗传潜能得到更大发掘。

　　该书结合国内外蔬菜树式栽培最新动态，详细地介绍了番茄、马铃薯、辣椒、人参果、黄瓜、西瓜等各类蔬菜树式栽培技术、管理和方法，使读者看到蔬菜树式栽培不仅具备观赏价值，同时也是今后蔬菜生产的高新技术之一。该书内容丰富，技术前沿，不但是一本难得的科普读物，同时也是一本极具学术价值的图书。

序　言

　　胡锦涛总书记在党的"十七大"报告中指出，解决好"三农"问题事关全面建设小康社会大局，必须始终作为全党工作的重中之重，要加强农业的基础地位，走中国特色农业的现代化道路，培育有文化、懂技术、会经营的新型农民，发挥亿万农民建设新农村的主体作用。这些重要的论述和部署，对我国今后的"三农"工作，对农业科技工作提出了新的要求，为推进农业科技进步指明了方向。

　　农业在国民经济发展中占有极其重要的地位，是安天下的战略性基础产业，农业科技则是国家经济发展、科学技术进步和生活水平提高的重要标志之一。近年来，现代科学技术的迅猛发展，极大地带动了农业科学技术的进步和发展。现代农业一方面带给了人们环保、绿色和营养更加丰富的农业食品；另一方面，又把农业生产过程变为精神产品，极大地丰富了现代人精神世界的多种需求。他已不再是仅仅具有食品安全保障功能的单一产业，而是被赋予了具有工业原料供给、增加就业、国民增收，以及承载着生活传承，生产发展，生态安全，生活改善等一系列重要功能的新型综合性产业。

　　目前，我国农业仍处于传统农业向现代农业的过渡阶段，推进现代农业建设任务繁重。建设现代农业，需要现代科学技术的支撑，需要全民

族的参与，特别是具有现代农业科技知识的广大农民的参与，农业科学技术知识的普及意义重大。农业科技工作者不仅仅要作农业科技创新的主力军，更应成为现代农业科技知识的普及者和推动者，以及广大农民学科学用科学的好老师。

为推进我国现代农业建设，普及现代农业科学知识，推广和应用现代农业科技成果，提高广大农民科学素质，助力"全民科学素质行动计划纲要"的实施，中国科协、中国农业科学院共同组织编写了"小康之路"这套丛书。该套丛书有两个特点：第一是丛书的编辑始终以现代农业为主线，将近年来农业科技研究的最新科技成果编辑成书，在广大农民自身（包括合作组织）可实施的条件下，将现代农业的高新技术成果和先进农业技术介绍给读者，使他们听得懂、学的会，简便易行，立竿见影。第二是丛书特聘农业专家和学者撰写文稿，其中不乏我国老一辈著名农业专家和为我国农业科学事业作出贡献的青年学者。他们站在科学前沿，以诚挚的热情和高度的责任感，接近广大农民，介绍最新、最实用的成果，让广大农民直接受益，从而激励更多的农民群众走上科技创富的道路。

最后，我们真心希望通过"小康之路"丛书的出版发行，使广大干部、农民、农业企业家能从中获得启迪，获得知识；也希望该书能为现代农业建设，新农村建设，普及现代农业知识，提高农民素质，加快农业生产手段、生产方式和生产理念的转变等方面发挥积极作用。

中国农业科学院副院长　　屈冬玉

前　言

　　21 世纪是一个充满期待和挑战的世纪，人类在突破传统走向现代的过程中，也在不断地实现着一个又一个的梦想。现代农业在科学技术的强有力支撑下，正在突破几千年来完全依赖自然的历史，实现可在人工环境下的食物生产，甚至能将草本瓜果蔬菜培育成多年连续生长的巨大树体，实现人类栽培历史的新跨越。

　　蔬菜树式栽培是利用常规草本瓜果蔬菜的无限生长特性，在持续适宜的温光环境下，采用营养液水培或基质栽培技术，结合生理调控和综合农艺措施，进行"树形化"或"巨型化"培育，最终使单株蔬菜从一棵不起眼的小苗长成冠幅达到几十至上百平方米的巨大"树冠"，单株产量从几斤达到几百甚至几千斤，显著延长草本果蔬的结果期和生命周期，达到周年或多年生长的目标。蔬菜树式栽培是在常规无土栽培基础上发展起来的一种新型栽培技术，树式栽培技术的发展一方面可以深层次地挖掘蔬菜的单株高产潜力，对蔬菜育种、高产优质栽培研究具有重要的指导意义；另一方面，蔬菜树巨大的冠幅和常年持续结果的特征，可以形成独特的视觉观赏效果，为都市观光农业和青少年科普教育提供重要的科技支撑。

　　蔬菜树式栽培最早起源于日本，1985 年在筑波举办的世界博览会上，日本首次展出了 1 株结出 1.2 万多个果的番茄树，引起了世界的震惊。随

后，日本协和株式会社采用水耕营养液栽培技术，成功培育出了1株番茄结出12800个果，1株黄瓜结出3300条瓜，一株网纹甜瓜结出90个果的世界单株高产纪录。我国的蔬菜树式栽培起始于20世纪90年代初，虽然起步较晚，但发展极为迅速。目前，我国学者不仅在深液流浮板无土栽培的树式培育获得成功，而且还在基质无土栽培、雾培等树式栽培领域取得突出进展；不仅能在连栋温室条件下进行树式栽培，而且还在传统日光温室环境下栽培成功。在品种方面，我国学者已经试验成功了番茄、黄瓜、辣椒、茄子、西瓜、甜瓜、甘薯、冬瓜、蛇瓜、人参果等20多种蔬菜瓜果的树式栽培，这些作物的最大冠幅、产量、生长周期都远远高于国际最高水平。蔬菜树式栽培的技术进步，也大大推动了相关产业的快速发展，现在无论是在科研实验温室，还是在展览温室、观光园区、科普基地和生产基地等场所，都可见到蔬菜树大面积种植的壮观场面。

蔬菜树式栽培在我国虽然取得了突出进展，但还没有实现真正意义上的普及。与常规栽培相比，蔬菜树式栽培的技术含量相对较高，栽培者除需掌握无土栽培、植物生理与环境控制等一般知识外，还需了解树式栽培独特的管理方法与技巧。本书以全面普及蔬菜树式栽培技术为己任，力图通过一些浅显的语言和形象化的描述，从树式栽培的共性技术，如栽培型式、水耕栽培与营养液管理、基质配制与栽培管理、栽培设施与环境调控等出发，介绍一些树式栽培的基本知识，在此基础上再分项叙述各种蔬菜瓜果的树式栽培技术与管理技巧，目的是为了使读者既能全面掌握树式栽培的常规知识，又能了解单一品种的栽培技巧，希望对读者能有一定的指导性和实用价值。

该书由多名长期从事蔬菜树式栽培研究与推广工作的专家完成。在编写过程中，得到了中国农业科学院农业环境与可持续发展研究所、北京时空新知科技发展中心等单位的大力支持，对此，我们表示衷心感谢，并对书中所采用的文献作者和出版单位一并致谢。

由于编辑出版工作时间仓促，书中难免有缺点和不足之处，敬请广大读者批评指正。

编　者

目　录

第一章 蔬菜树式栽培现状及其发展趋势

第一节 概 述

蔬菜树式栽培是利用常规蔬菜瓜果的无限生长特性，通过环境控制、营养调控和栽培管理等综合技术的应用，形成的具有树状结构和多年生长特性的蔬菜栽培模式。近年来，蔬菜树式栽培在我国发展迅速，已经成为高产潜力研究和观光栽培的重要技术手段，具有广阔的发展前景和应用推广价值。

一、蔬菜的定义

一年生、二年生或多年生草本植物的全株或其根、茎、叶、花、果、籽发育成特定器官，作为食用部分，其食用部分柔嫩多汁、或有特殊风味、并具有一定的营养价值，可以用于佐餐，这些植物统称为蔬菜。现今我国栽培的蔬菜种类约 200 多种，分属于 32 个科，普遍栽培的蔬菜有 50~60 种。

蔬菜是人们生活所必不可少的生活物资，是构成食物支撑体系中最为重要的组成部分。蔬菜常规栽培多表现为一年生植物，在良好的温度、光照等设施环境下，可表现其自身多年生的生物学特性。

二、蔬菜树式栽培

蔬菜树式栽培是一种通俗的表述，专业上一般称之为"蔬菜单株高产栽培"，主要是利用常规草本瓜果蔬菜的无限生长特性，在持续适宜的温光环境下，采用营养液水培或基质栽培技术，结合生理调控和综合农艺措施，使常规瓜果蔬菜从一棵不起眼的小苗长成冠幅达到几十甚至上百平方米的巨大"树冠"，单株产量从几斤增加到几百至几千斤，显著延长草本瓜果蔬菜的结果期和生命周期，达到周年或多年生长的目标。蔬菜树式栽培是在常规无土栽培基础上发展起来的一种新型栽培模式，所形成的技术体系对现代农业发展具有重要的借鉴意义，该技术的探索一方面可以深层次地挖掘蔬菜的单株高产潜力，对蔬菜育种、高产优质栽培具有重要的指导意义；另一方面，蔬菜树巨大的冠幅和常年持续结果的特性，可以形成独特的视觉观赏效果，为都市观光农业和青少年科普教育提供重要的科技支撑。

目前，国内外已在番茄、辣椒、茄子、黄瓜、甜瓜、西瓜、冬瓜等 20 余种瓜果蔬菜品种的树式栽培上获得成功。

第二节　蔬菜树式栽培的应用价值

一、产能科研价值

众多瓜果蔬菜等草本植物具有多年生的特征，进行蔬菜树式栽培的研究可充分挖掘其单株高产的潜力，并可深入了解和认识这些作物的生物学特性，为常规生产的增产研究提供重要的技术支撑。

从育种学角度而言，蔬菜树式栽培可充分展示该品种的生物学潜力，从而获得对该品种更深层次的认识；另外，与常规栽培相比，蔬菜树式栽培可获得更多的果实和种子，有利于特定稀有品种的进一步扩繁，加快育种进度。

二、农业观光价值

常规果蔬栽培观赏性差，而树式栽培可以形成巨大的冠幅和独特的视觉观赏效果等方面，已经成为农业观光栽培的重要组成部分。

近年来，随着城市化进程的加快和人民生活水平的不断提高，观光农业发展迅速。据估计，到 2010 年我国每年农业观光的人群将在 8000 万人次以上，相关消费可达 600 亿～800 亿元人民币。现代观光农业已经突破了传统单一的"吃、住、玩"模式，而是集现代农业科技、农耕文化、农业博览、特色餐饮和绿色景观营造等功能于一体的新型农业模式。蔬菜树式栽培不仅能较好地体现现代农业科技的展示效果，而且还具有极高的观赏价值，已经成为现代观光农业的首选项目和最具代表性的栽培模式，在国内外农业观光园区内得到广泛应用。

目前，蔬菜树式栽培技术已经广泛应用于观光农业园区、蔬菜博览园、生态餐厅和庭院栽培等众多领域，取得了良好的观赏效果。

三、科普教育价值

蔬菜树式栽培在单株高产潜力和生物学特性的表达，以及独特的视觉观赏效果方面，可以为普通大众和青少年的科普教育提供实实在在的展示效果，既可以强化民众对植物学的认知，又可以带给他们以愉悦，从而提高全民对现代农业的兴趣和关注度。

第三节 国内外蔬菜树式栽培的现状与发展趋势

一、蔬菜树式栽培历史与现状

蔬菜树式栽培是建立在无土栽培基础之上的一项特色栽培技术，最早出现在 1985 年日本筑波举办的世界博览会上。在这届博览会上首次展出了一株结出 12000 多个果的番茄树，引起了世界的震惊。这株番茄树的培育者是日本兵库县地筱山的野尺重雄先生，他通过对水耕栽培长达 23 年的潜心研究，探索出了一套有效的水耕栽培方法，并应博览会主办单位的邀请进行了首株番茄"树"的培育。1984 年 10 月开始播种，1985 年 3 月 17 日博览会开幕时树冠直径达到了 5m，到 9 月 16 日闭幕时树冠直径已达到 14m 以上，单株累计结果 12000 多个。该项试验的成功第一次向人们展示了植物自身的巨大生理潜能。随后，日本协和株式会社采用水耕营养液栽培技术，成功培育出了一株番茄结出 12800 个果，一株黄瓜结出 3300 条瓜，一株网纹甜瓜结出 90 个果的世界单株高产纪录。与日本相比，我国在该领域的研究起步较晚，20 世纪 90 年代初，北京蔬菜研究中心崔海信硕士，利用基质栽培技术进行番茄树的培育，实现单株结果 500 余个；清华大学郭志刚博士，从日本学习无土栽培回国到清华任教，为向建校 90 周年献礼，进行了番茄树式无土栽培，2001 年 4 月校庆时实现单株结果 2000 多个；2001 年底中国农业大学黄之栋教授领导的课题组采用深液流浮板无土栽培技术成功培育出了单株 13000 多个果的番茄树，引起了国内外同行的广泛关注。此后，北京蔬菜研究中心刘增鑫、李远新等也开始进行番茄的树式基质栽培研究，并在日光温室等简易设施条件下栽培成功，陆续在全国各地进行大面积示范推广。浙江省丽水市农业科学研究所徐伟忠等研究人员利用基质培、水培和雾培技术在番茄、空心菜等树式栽培方面进行了有益探索，也获得了树式栽培的成功。

2003 年以来，中国农科院在黄瓜、番茄、辣椒、茄子、西瓜、甜瓜、甘薯等树式栽培方面进行了深入研究，连续获得成功。中国农科院设施农业环境工程研究中心杨其长博士率领的科研团队，于 2003 年 3 月开始，首先选择荷兰迷你型黄瓜"吉祥"进行单株高产栽培研究，到当年 10 月底，培育出的黄瓜单

株面积达 50m², 累计结瓜 3021 条, 单株产量 210kg。2003 年 10
月, 课题组受山东寿光蔬菜高科技示范园的邀请, 承担国际蔬
菜博览园展示温室蔬菜树栽培的技术攻关工作, 进行了番茄、
茄子、彩色甜椒及黄瓜等多种作物的树式栽培, 到 2004 年 4 月
20 日博览会开幕时, 番茄植株冠幅达到了 50 多 m², 中果型
"金字塔" 品种挂果达 6000 多个, 樱桃番茄挂果 10000 多个;
黄瓜冠幅达 64m², 累计结瓜 3200 多条 (到 7 月底累计结瓜 4608
条, 冠幅 76m², 产量 264kg, 创造了黄瓜单株产量世界最高纪
录); 茄子挂果 80 多个。随后, 该科研团队陆续进行了辣椒、
甜瓜、西瓜、冬瓜、蛇瓜、甘薯等 20 多种作物的树式栽培研
究, 茄子实现累计结果 2140 多个, 冠幅达 46m²; 辣椒累计结果
2409 个, 冠幅达到 33m², 生长期达 3 年; 甜瓜单株结瓜达到
104 个, 冠幅达到 52m²; 西瓜单株结瓜 61 个, 冠幅 47m²; 甘薯
水培冠幅面积达到 200 多平方米, 累计结薯 2000kg 以上, 生长
期达 2 年以上。该科研团队所进行的番茄、黄瓜、甜瓜、茄子、
彩色甜椒、辣椒、西瓜、蛇瓜、冬瓜等树式栽培的单株冠幅、
结果数、生长周期等指标数据见表。

表　蔬菜树单株研究的各项技术指标

蔬菜树种类	冠幅 (m²)	结果数 (个)	产量 (kg)	生长周期 (月)
番茄树	125	21026	1800	32
辣椒树	33	2409	140	40
茄子树	46	2140	246	36
黄瓜树	78	4608	260	14
甜瓜树	52	104	152	12
西瓜树	47	61	112	10
蛇瓜树	56	380	400	12
冬瓜树	61	36	560	14

二、蔬菜树式栽培技术发展趋势

蔬菜树式栽培是在常规蔬菜栽培基础上，针对特定要求而发展起来的一项新型栽培技术，已经在作物的高产潜力研究和观光栽培等领域发挥了重要作用。随着树式栽培技术的不断成熟、适宜品种的不断拓展，必将会获得广泛的应用。其主要发展趋势如下：

1. 品种将不断向多样化方向发展

目前，已栽培成功的蔬菜树包括番茄、黄瓜、甜瓜、茄子、彩色甜椒、辣椒、西瓜、蛇瓜、冬瓜、南瓜等 20 多种作物，今后一段时期将会有越来越多的适宜作物和品种加入到树式栽培的行列，蔬菜树的应用领域也会越来越广。

2. 树体不断向巨型化方向发展

巨型化、高产化一直是蔬菜树式栽培发展的重要方向，目前已经出现冠幅达 $120m^2$ 以上的番茄树、200 多平方米的单株甘薯，随着树式栽培技术的不断成熟，将会出现生长周期不断延长、冠幅与产量不断增长的巨型蔬菜单株个体，以满足不同层次的需要。

3. 树式造型与结构向特色化方向发展

为适应观光、博览、科普等特定的需求，在植株的树型结构上将会有更多的调整，蔬菜树的造型将会不断向特色化、艺术化方向发展。

4. 技术的延伸领域将不断拓展

随着蔬菜树式栽培技术的日益完善和成熟，该技术除在瓜果蔬菜等领域取得广泛应用之外，还利用树式栽培原理不断向棉花、水稻、高粱等大田作物领域拓展，为作物栽培和遗传潜力的挖掘提供新的技术手段和方法。

第二章 树式栽培类型及其配套设施

第一节 树式栽培类型

蔬菜树式栽培主要以无土栽培为核心，依据栽培中是否使用固体基质材料，所选用的栽培方式主要有非固体基质栽培和固体基质栽培两大类型。非固体基质栽培又可分为水培和雾培两种类型。

一、固体基质无土栽培

固体基质无土栽培简称基质培，是指作物根系生长在各种天然或人工合成的固体基质环境中，通过固体基质固定根系，并向作物供应营养和氧气的栽培方法。基质培可很好地协调根际环境的水、气矛盾，且投资较少，便于就地取材进行生产。

基质培可根据选用的基质不同分为两种主要方式，一种是采用泥炭、秸秆、椰绒等有机原料为栽培基质的栽培方式，称为有机基质培；另一种是采用岩棉、砂、砾等材料为基质进行的栽培，称之为无机基质培。

基质培也可根据栽培方式的不同而分为槽式基质培、袋式基质培和立体基质培等方式。槽式基质培是指将固体基质装入一定容积的种植槽中进行作物栽培的方法，一般有机基质和容重较大的基质多采用槽式基质培；袋式基质培是指将固体基质装入一定容积的塑料袋中，放置于地面种植作物的方法；立体基质培是指将固体基质装入长形袋状或柱状的立体容器之中，竖立排列于温室之中，容器四周螺旋状开孔，用以种植小株型作物的方法。一般容重较小的轻基质可采用袋式基质培和立体基质培，如岩棉、蛭石、椰绒、秸秆等基质。树式基质无土栽培通常以槽式基质培为主要方式。

二、非固体基质培

非固体基质培是指采用非固体的基质进行的无土栽培，常见的有水培和雾培两种方式。

1. 水培

水培是指作物根系直接生长在营养液液层中的无土栽培方法，根据营养液液层的深度不同可分为多种形式。以 1～2cm 的浅层流动营养液种植作物的栽培模式称之为营养液膜技术（NFT）；当液层深度达 6～8cm 时，称之为深液流水培技术（DFT）；在 5～6cm 深的营养液液层中放置一块上铺无纺布的泡沫板，根系生长在湿润的无纺布上的栽培模式称之为浮板毛管水培技术（FCH）；另外，以早期格里克开发应用的"水培植物设施"为代表的半基质栽培，实际上也是水培的一种形式。由于蔬菜树生长周期长，根系极为发达，水培蔬菜树通常选用深液流（DFT）技术为主要方式。

2. 雾培

雾培又称为喷雾培或气培，它是将营养液用喷雾的方法，直接喷到作物根系上。根系悬空在一个容器中，容器内部装有自动定时喷雾装置，每隔一段时间将营养液从喷头中以雾状的形式喷洒到植物根系表面，同时解决了根系对养分、水分和氧气的需求。由于雾培设备投资大，管理不甚方便，而且根系温度易受气温影响，变幅较大，对控制设备要求较高，故生产上很少应用。雾培还有另外一种方式，就是将部分根系浸于浅层营养液层中，另一部分根系置于雾状的营养液空间，被称之为半雾培。雾培在蔬菜树的种植中也有应用，主要是利用雾培根系的可直接观看性来增强树式栽培的观赏效果，并促进根系部分健壮生长。

　　整体而言，由于蔬菜树的植株与常规栽培的作物区别较大，巨大的树体和发达的根系需要连续不断的营养供应，这是土壤栽培所难以胜任的。因此，蔬菜树的栽培方式主要选用无土栽培，其中选用较多的有深液流水树式栽培（DFT）、槽式基质培和雾培等几种方式。

第二节　深液流树式栽培（DFT）技术及其设施

　　深液流栽培是指营养液液层较深、植物由定植板或定植网悬挂在营养液液面上方，而根系从定植板或定植网深入到营养液中生长的一种水耕栽培技术（Deep Flow Technique，DFT）。DFT技术是最早开发成可以进行作物商品化生产的无土栽培技术，1939年美国的格里克（Gericke）采用这一技术取得了水耕栽培设施专利并首先用于商业化生产，此后的几十年间，世界各国对其做了不少改进，已成为一种有效实用的、具有竞争力的水耕栽培类型。日本最早进行的番茄树式栽培也是采用深液流浮板栽培技术。目前，在蔬菜树式栽培领域DFT技术已经得到广泛采用。

一、DFT技术主要特征

DFT技术的特征主要表现在三个方面：

1. 深

　　所用的营养液的液层以及盛载营养液的种植槽较深。根系伸展到较深的液层中，意味着植株占有的液量较多。由于液量多而深，营养液的浓度（包括总盐分、养分、溶存氧等）、酸碱度、温度以及水分存量都不易发生急剧变动，为根系提供了

9

一个较为稳定的生长环境。这是该技术的突出优点。

2. 悬

悬植株的根茎（植物主茎的基部发根处）离开液面，防止根茎被浸没于营养液中引起腐烂，而所伸出的根系又能触到营养液（沼泽植物和具有形成氧气输导组织功能的植物除外）。根系均匀悬浮于营养液中，这样一来，根系悬出的部分和伸到营养液中的部分都可以吸收到氧气，有利于根系发育。

3. 流

营养液处于循环流动状态。流动不仅可以增加营养液的溶存氧，还可以消除根表有害代谢产物（最明显的是生理酸碱性）的局部累积，消除根表与根外营养液的养分浓度差，使养分能及时送到根表，更充分地满足植物的需要；促使因沉淀而失效的营养物重新溶解，以阻止缺素症的发生。因此，即使是栽培沼泽性植物或能形成氧气输导组织的植物，也有必要使营养液循环流动。

二、DFT 技术利弊分析

DFT 技术与其他无土栽培技术一样，既有其显著的优势，也有其自身的弊端，在应用过程中应尽可能减少不利要素的影响，提高其生产性能。具体来看，该技术有利的方面主要表现为：

1. 无序频繁调整

设施内的营养液总量较多，营养液的组成和浓度变化缓慢，不需要频繁地调整浓度。

2. 容易控制温度

床体中的热容量高，作物根圈温度变化不大，可以比较容易地进行加温或冷却。

3. 吸收率高

营养液循环系统中有空气混入装置，很容易调节溶存氧，根部对养分的吸收率高。

4. 可综合调控

可以在营养液循环过程中，对营养液浓度、养分、pH 值等进行综合调控，保持营养液的稳定性。

5. 不易污染

营养液仅在内部循环，不会流到系统外，因此不会或很少对周围水体和土壤造成污染。

6. 使用范围广

适生作物的种类较多，块根、块茎作物以及生长期长的果菜类皆可种植。

该技术的弊端主要表现在：

（1）易缺氧：营养液池内溶液容易缺氧，必须添加增氧设备。

（2）有蔓延的危险：营养液循环在一个相对封闭的环境之中，一旦发生病原菌就有可能造成迅速传染甚至蔓延到整个种植系统。

（3）液池容积大：由于需要的营养液量大，贮液池的容积也要加大，成本相应增加。

（4）动力消耗大：营养液处于频繁循环状态，水泵运行时间长，动力消耗大。

三、树式 DFT 栽培设施及配套技术

树式栽培的 DFT 设施基本结构一般由种植槽、贮液池（罐）、营养液循环系统等组成。图 2－1 是以番茄树 DFT 栽培为例的系统结构图。

1. 种植槽

根据树体大小和观光效果不同，可分为地面型和高架型两种。地面型是将种植槽设置于地表面或地面以下，槽体大小一般为槽长 1～2m，槽宽 1～2m，槽深 20～40cm，在栽培槽上，

先由轻质泡沫板作为盖板将栽培槽口覆盖，再在泡沫板上覆盖黑白双色塑料薄膜。泡沫板中心开直径为 80mm 的圆孔，用于定植蔬菜树；黑白双色塑料薄膜的外面为白色，用于反射太阳光，里面为黑色，用于营造根系生长所需的黑色环境。回液管的高度可以调节，以控制栽培槽中营养液的水位；高架型是将种植槽设置于地表以上，并通过一定高度的支架支撑后形成的种植槽体。槽的高度一般在 80~100cm，槽体尺寸和结构基本与地面型种植槽相同。

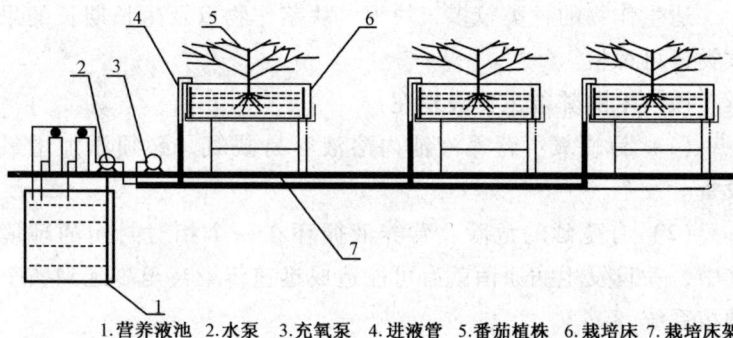

1. 营养液池　2. 水泵　3. 充氧泵　4. 进液管　5. 番茄植株　6. 栽培床　7. 栽培床架

图 2-1　DFT 栽培系统结构图

2. 贮液池（罐）

为了保证足够的营养液供给，必须配置贮液装置，可以单独建池，也可以直接用罐。贮液池（罐）的位置一般是设在地平面以下，这样做的好处一是利于营养液从种植槽流回到贮液池（罐）里；二是有利于保持营养液温度，减少气温对液温的影响。贮液池（罐）容积的确定以确保蔬菜树生长之需为前提，一般为 1000L 左右。贮液池（罐）小可以节省建设成本，但液温易受气温的影响，必须添加加温、冷却装置。反之，可适当增加营养液总量，有利于稳定液温，但建设投资也相应增加。

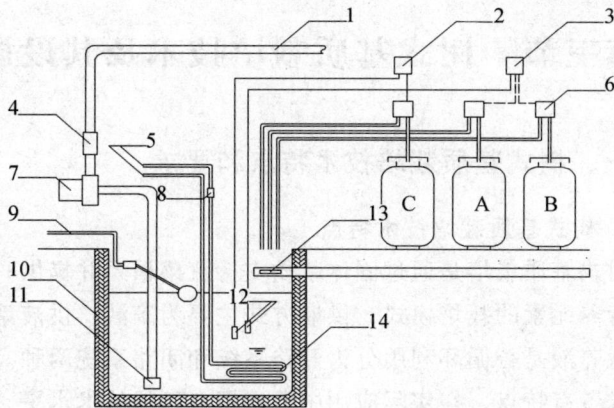

1. 供液管 2. pH 控制仪 3. EC 控制仪 4. 定时器 5. 热（冷水）输送管
6. 注入泵 7. 水泵 8. 热（冷水）控制阀 9. 水源和液面控制阀 10. 贮液池
11. 水泵过滤网 12. EC 及 pH 传感器 13. 营养液回流管 14. 加温（冷却）管

图 2-2 营养液循环系统示意图

3. 营养液循环系统

主要由水泵、进回流管道和调节阀门等部分组成（图2-2）。根据蔬菜树种植槽的栽培需要，盛放于贮液池中的营养液经过检测、营养要素、温度等调配后，由水泵提升压力后，以一定的流量被抽取到供液管道中，然后由栽培槽的一端经进液管流入栽培槽内，供给生长于其中的蔬菜树以养分、水分和根系呼吸所需的氧气。营养液经位于栽培槽另一端的回液管流回营养液池。营养液循环系统的应用，能源源不断地为植株提供营养，保证蔬菜树的旺盛生长。

第三节　树式基质栽培技术及其设施

一、树式基质栽培技术特点和要求

1. 树式基质栽培技术特点

树式基质栽培是通过固体基质支持蔬菜根系并提供一定水分和营养元素的栽培模式，供液方式主要为滴灌，供液系统根据其营养液是否循环利用分为开路系统和闭路系统两种。这两种方式各有特点，在实际应用中要根据自己的技术水平、管理水平和经济发展的实际情况选择不同的系统。基质栽培的主要优点是：①根的支持稳定，同时基质本身对营养、水分、温度等缓冲力大，稳定性强；②固体基质颗粒之间的孔隙存有空气，可以供给作物根系呼吸所需的氧，整个根系的氧供给较充分；③适宜种植的蔬菜树种类也比其他栽培方式多。

2. 对基质的基本要求

① 具有一定大小的粒径，粒径大小不同，其容重、孔隙厚、空气和水的含量也不相同。可以根据所栽培蔬菜树的种类、根系生长特点、当地资源状况等要素加以选择；② 具有良好的物理性状，基质必须疏松、保水、保肥又透气；③ 具有稳定的化学性状，本身不含有毒有害成分，不使营养液发生变化。

二、树式基质栽培设施及配套技术

树式基质栽培主要由种植槽、贮液池、供液与排液系统、自动控制系统等组成，如图 2-3 所示。

1. 种植槽

基质培的种植槽也可以根据树体大小和观光效果的差异，设置于地面或采用支架离地种植。一般种植槽长与宽均为 1m

左右，槽深 40～80cm，槽内铺 0.2～0.3mm 的黑色塑料衬里。槽的中部宜放一根与种植槽等长，直径为 7.5～10.0cm 的半圆形塑料管作为排、灌液管。管子上边间隔地钻一些小孔，以便使营养液通过小孔流入基质层中。

2. 供液及排液系统

由水泵、供液管道、电磁阀、定时器、自动转换轮灌阀门、控制水位及液位感应器等部分组成，主要用于营养液的灌溉、排出和循环使用。根据实际情况，这些设施也可以进行简化，简化的供液系统由水泵、供液管道、调节流量的阀门以及定时器等组成即可。

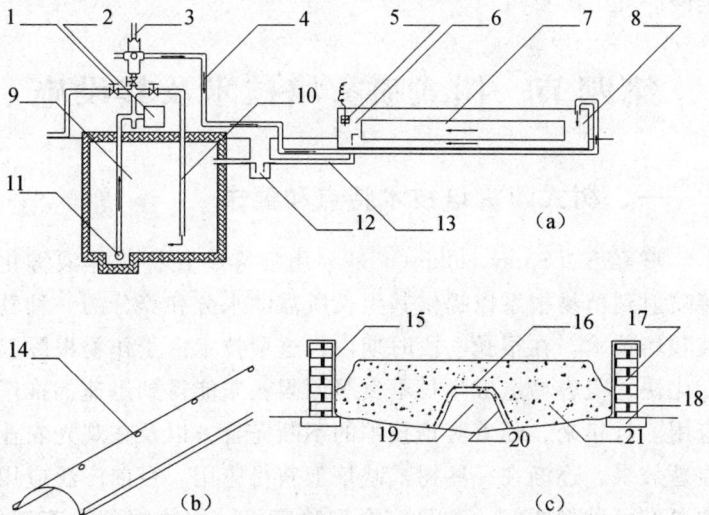

1. 三角阀 2. 水泵 3. 转换式供液阀 4. 供液管 5. 液位感应器
6. 排液缓冲间 7. 基质层 8. 供液缓冲间 9. 贮液池 10. 分液管
11. 活动阀 12. 沉淀槽 13. 排液管 14. 排液孔 15. 塑料薄膜
16. 塑料网纱 17. 槽框 18. 地基 19. 排液通道 20. 排液管
21. 基质

图 2－3 树式基质栽培设施系统示意图

为了便于及时检测营养液的组分和理化性质，在供液口处增设检测孔，如此可以在第一时间进行营养液的检测工作。

为防止一次性供液或供水太多，在栽培池底部应留有排液孔，排出多余的营养液，避免蔬菜树根系部分因水淹缺氧而坏掉。对排出的营养液，也应定期进行检测，了解营养供给情况。

3. 自动控制设施

由自动切换供水泵、控制仪、电磁开关、营养液控制开关等组成。通过24小时限定计时器来确定供液时间，用栽培床上的固定控制开关来控制水泵启动时间。还可以用手动方式供液。

第四节　树式喷雾培技术及其设施

一、树式喷雾培技术特点和要求

喷雾培（Spray culture）是利用喷雾装置将营养液雾化直接喷射到植物根系以提供其生长所需的水分和养分的一种营养液栽培技术。在很长一段时期内，这项技术由于作物根际温度变化快，很容易造成生长不良等原因，未能得到迅速的推广与应用。近年来，随着雾培技术的不断完善，以及在观光农业的显著效果，逐渐在一些树式栽培上获得应用。目前广泛应用的主要有两种形式，一种是完全型喷雾培，作物根部没有基质，也不浸没于营养液之中，完全利用间歇式喷雾提供营养与水分；另一种叫半喷雾培，是将喷雾培与DFT有机结合的一种栽培技术，植物的一部分根系浸没于营养液中，另一部分根系暴露在雾化的营养液环境之中。雾喷培技术较好地解决了DFT栽培技术中根系的水气矛盾。

二、雾培设施及配套技术

喷雾培设施由种植槽和供液系统两大部分组成。种植槽材料种类很多，如硬质塑料板、泡沫塑料板、木板和水泥预制板等；供液系统包括营养液池、水泵、管道、过滤器和喷头等，其中关键的部分是喷头和过滤器，过滤不好和喷头阻塞是影响雾喷效果的主要原因之一。利用超声气雾机可以把营养液雾化喷到作物根系之上，既简化了供液系统，又可以杀灭营养液中的病原菌，对作物生长十分有利。此外，由于这种方式是以间歇喷雾的形式供液的，为了防止在停止供液时植株吸收不到足够的养分，必须注意要适当提高营养液浓度。

图 2-4 给出了完全型雾培装置示意图。

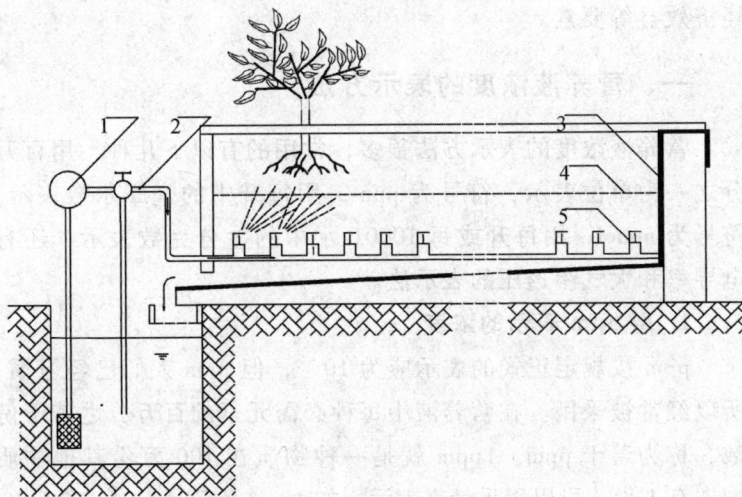

1. 水泵　2. 供液管　3. 聚乙烯板　4. 不锈钢网　5. 喷头

图 2-4　完全型雾培装置示意图

第三章 树式栽培
营养液及其管理

第一节 营养液管理基本要素

营养液是蔬菜树式无土栽培的重要条件，营养液的配制与施用是无土栽培的关键技术，它不仅直接影响到作物的生长发育及产量，而且还关系到能否节约用肥、降低生产成本和提高经济效益等要素。

一、营养液浓度的表示方法

营养液浓度的表示方法很多，常用的有以下几种：用百万分之一为单位表示，符号为 ppm；用每升中的毫摩尔数表示，符号为 mmol；用每升或每 1000L 水中的盐分克数表示，还有电导率和大气渗透压的表示法。

1. 用 ppm 表示的浓度

ppm 按规定正式的表示应为 10^{-6}，但 ppm 人们已经习惯，所以经常被采用。在营养液中每种必需元素的百万分之若干份数，称为若干 ppm。1ppm 就是一种物质在 100 万份其他物质中占有 1 份。可以用重量来表示，如 1ppm 等于 1mg/kg 或 1g/t；也可以用重量体积来表示，如 1ppm 等于 1mg/L；还可以用体积来表示，如 1ppm 等于 $1\mu L/L$。

2. 用毫摩尔表示的浓度

1L 溶液中所含溶质的摩尔数，称为该溶液的摩尔浓度。因为营养液的浓度比较低，所以一般采用毫摩尔（mmol）来表示溶液浓度，如每升溶液中 164g 的 Ca（NO_3）$_2$ 为 1mol 浓度，164mg 为 1mmol 浓度，或者每升溶液中 40g 的 Ca 为 1mol 浓度，40mg Ca 为 1mmol。1mol 或 1mmol 这样的符号是习惯用法。

3. 浓度的电导率表示法

电导率代表营养液的总浓度。电导率的符号为 EC，其单位为西门子/厘米，符号为 S/cm。由于营养液的浓度很低，一般用毫西门子/厘米，符号为 mS/cm。

4. 浓度的渗透压表示法

渗透压表示在溶液中溶解的物质因分子运动而产生的压力。用帕斯卡表示，符号为 Pa。一般溶解的物质愈多，分子运动产生的压力愈大。营养液适宜的渗透压因植物而异，根据斯泰纳的试验，当营养液的渗透压为 507～1621 百帕时，对生菜的水培生产无影响，在 202～1115 百帕时，对番茄的水培生产无影响。渗透压与电导率一样，只是用于表示营养液的总浓度。

二、决定营养液组成的依据

营养液配方，是作物能在其中正常生长发育、有较高产量的情况下，对植株进行营养分析，了解各种大量元素和微量元素的吸收量。据此，利用不同元素的总离子浓度及离子间的不同比率形成不同的配制比例。同时又通过作物栽培的试验结果，再对营养液的组成进行修正和完善。

由于科学家使用方法的不同，因而提出的营养液的组成理论也不同。目前，世界上主要有三种有影响的配方理论，即园试标准配方、山畸配方和斯泰纳配方。

园试标准配方，是日本园艺试验场经过多年的研究而提出的，其根据是从分析植株对不同元素的吸收量，来决定营养液配方的组成。

山畸配方是日本植物生理学家山畸以园试标准配方为基础，以果菜类作物为材料研究提出的。他根据作物吸收的元素量与吸水量之比，即吸收浓度（N/W）值来决定营养液配方的组成。

斯泰纳配方，是荷兰科学家斯泰纳依据作物对离子的吸收具有选择性而提出的。斯泰纳营养液是以阳离子（Ca^{2+}，Mg^{2+}，K^+）当量之和与相近的阴离子（NO_3^-，PO_4^{3-}，SO_4^{2-}）当量之和相等为前提，而各阳、阴离子之间的比值，则是根据植株分析得出的结果而制订的。根据斯泰纳试验结果，阳离子之比值为：$K^+ : Ca^{2+} : Mg^{2+} = 45 : 35 : 20$，阴离子比值为：$NO_3^- : PO_4^{3-} : SO_4^{2-} = 60 : 5 : 35$，最为恰当。

三、营养液的电导率和酸碱度

1. 营养液的电导率

电导率（简称 EC）是溶液含盐量的导电能力。无土栽培所用的营养液含盐量的浓度很低，导电能力也低，因此电导率常用其千分之一来表示，单位为毫西门子，简称毫西（mS/cm）。测定电导率的仪器称电导仪，目前市场上有价格便宜、便于携带的电导仪出售，其测定时间短，方法简单而准确。无土栽培时，电导仪在营养液管理中已被广泛采用。

在开放式无土栽培系统中，营养液的电导率一般控制在 $2\sim3mS/cm$。在封闭式无土栽培系统中，绝大多数作物的营养液电导率不应低于 2.0mS/cm，如果在系统中不能对营养液的电导率进行测定，当电导率低于 2mS/cm 时，营养液中就应补充足够的营养成分使其电导率上升到 3.0mS/cm 左右。这些补入的营养成分可以是固体肥料，也可以是预先配制好的浓溶液（即母液）。

番茄在弱光条件下适宜较高的电导率，而当光照充足、蒸腾增加时则应降低到 3.0mS/cm。叶菜类栽培最好采用较低的

EC 值，如 2.0mS/cm，在光照充足时 EC 值可以更低。英国温室园艺研究所曾进行番茄的长季节栽培，他们指出 EC 值在 2 ~ 10mS/cm 的范围内番茄均能生长，然而 EC 值高于 4.0mS/cm 时番茄的总产量显著降低，但较高的 EC 值（小于 6.0mS/cm）能有效地抑制植株过旺的营养生长。据报道：岩棉培黄瓜适宜的 EC 值为 2.0 ~ 2.5mS/cm，岩棉培番茄适宜的 EC 值为 2.5 ~ 3.0mS/cm（该 EC 值是指岩棉基质中营养液的电导率）。

2. 营养液的酸碱度

营养液的氢离子浓度（酸碱度）通常用摩尔/升（pH 值）来表示。当溶液呈中性时，则溶液中 H^+ 和 OH^- 相等，此时的氢离子浓度为 100Nmol/L（pH = 7.0）；当 OH^- 占优势时，氢离子浓度小于 100Nmol/L（pH > 7.0），溶液呈碱性；反之，H^+ 占优势时，氢离子浓度大于 100Nmol/L（pH < 7.0），溶液呈酸性。

pH 值的测定，最简单的方法可以用 pH 试纸进行比色，但这只能测出大概的范围，现在国内市场上已有多种进口或国产手持式的 pH 仪，测试方法简单、快速、准确，是无土栽培必备的仪器。

大多数植物的根系在氢离子浓度为 3163.0 ~ 316.3Nmol/L（pH 值为 5.5 ~ 6.5）的弱酸性范围内生长最好，因此无土栽培的营养液 pH 值也应该在这个范围内。在营养液膜栽培系统中，营养液的氢离子浓度通常应保持在 1585.0 ~ 630.9Nmol/L（pH 值为 5.8 ~ 6.2）的范围内，绝不能超出 3163.0 ~ 316.3Nmol/L（pH 值为 5.5 ~ 6.5）的范围。氢离子浓度过低（pH > 7.0）会导致铁（Fe）、锰（Mn）、铜（Cu）和锌（Zn）等微量元素沉淀，使作物不能吸收。氢离子浓度过高（pH < 5.0），不仅腐蚀循环泵及系统中的金属元件，而且使植株过量吸收某些元素而导致植株中毒。氢离子浓度（pH 值）不适宜，植株的反应是根端发黄和坏死，

然后叶子失绿。

通常在营养液循环系统中每天都要测定和调整氢离子浓度（pH 值），在非循环系统中，每次配制营养液时应调整氢离子浓度（pH 值）。常用来调整氢离子浓度（pH 值）的酸为磷酸或硝酸，为了降低成本也可使用硫酸；常用的碱为氢氧化钾。表 3-1 列出了每吨营养液氢离子浓度从 100Nmol/L 升至 1000Nmol/L（pH 值从 7.0 降到 6.0）所需酸的用量。在硬水地区如果用磷酸来调整 pH 值，则不应该加得太多，因为营养液中磷酸超过 50ppm 会使钙开始沉淀，因此常将硝酸和磷酸混合使用。通常，只要向营养液加酸时小心谨慎，就不会发生营养液氢离子浓度高于 3163.0Nmol/L（pH < 5.5）的现象。

表 3-1　每吨营养液 pH 值从 7.0 降到 6.0 所需酸的用量（ml）

酸名称	98% H_2SO_4	63% HNO_3	85% H_3PO_4	63% HNO_3：85% H_3PO_4 (体积比 1:1)
加入酸的量	100	250	300	245

四、营养液的一般限制因素

现在世界上有成百上千个营养液配方，并且都在不同地区的无土栽培中获得了满意的结果，所以难以准确地说有哪一个是适合无土栽培的最佳配方。由于作物和环境条件的不同，很难配出一种通用的营养液。

适宜的无土栽培营养液配方应当能提供满意的总离子浓度，维持营养液的平衡，表现出适当的渗透压和提供可接受范围内的 pH 值反应（表 3-2、表 3-3）。

表3-2　营养液中可接受的营养元素的浓度（ppm）

元素	营养液中的浓度		元素	营养液中的浓度	
	范围	平均		范围	平均
氮	150～1000	300	铁	2～10	5
钙	300～500	400	锰	0.5～5.0	2
钾	100～400	250	硼	0.5～5.0	1
硫	200～1000	400	锌	0.5～1.0	0.75
镁	50～100	75	铜	0.1～0.5	0.25
磷	50～100	80	钼	0.001～0.002	0.0015

表3-3　营养液及所含成分的浓度范围

成　分	单位	最低	适中	最高
营养液	ppm	1000	2000	3000
	%	0.1	0.2	0.3
	mmol/L	20	35	60
	mS	1.38	2.22	4.16
硝态氮（$NO_3^- - N$）	mmol/L	4	16	25
	ppm	56	224	350
铵态氮（$NH_4^+ - N$）	mmol/L	–	–	4
	ppm	–	–	56
磷（P）	mmol/L	0.7	1.4	4
	ppm	20	40	120
钾（K）	mmol/L	2	8	15
	ppm	78	312	585
钙（Ca）	mmol/L	1.5	4	18
	ppm	60	160	720

续表

成分	单位	最低	适中	最高
镁（Mg）	mmol/L	0.5	2	4
	ppm	12	48	96
硫（S）	mmol/L	0.5	2	45
	ppm	16	64	1440
钠（Na）	mmol/L	–	–	10
	ppm	–	–	230
氯（Cl）	mmol/L	–	–	10
	ppm	–	–	350

第二节　营养液的制备与调整

一、营养液的制备

营养液的制备，一般是容易与其他化合物起化合作用而产生沉淀的盐类，在浓溶液时不能混合在一起，但经过稀释后不会产生沉淀时，就可以混合在一起。

在制备营养液的许多盐类中，以硝酸钙最易和其他化合物起化合作用，如硝酸钙和硫酸盐混在一起容易产生硫酸钙沉淀，硝酸钙的浓溶液与磷酸盐混在一起，也容易产生磷酸钙沉淀。

在实际生产中，为了配制方便和实现自动调控，一般都是先配制浓液（母液），然后再进行稀释，因此就需要两个溶液罐，一个盛硝酸钙溶液，另一个盛其他盐类的溶液。此外，为了调整营养液的 pH 值的范围，还要有一个专门盛酸的溶液罐，酸液罐一般是稀释到 10% 的浓度，在自动循环营养液栽培中，这三个罐均用 pH 仪和 EC 仪自动控制。当栽培槽中的营养液浓度下降到标准浓度以下时，浓液罐会自动将营养液注入营养液槽；此外，当营养液中的 pH 值超过标准时，酸液罐也会自动向营养液槽中注入酸。在非循环系统中，也需要这三个罐，从中拿出一定数量的母液，按比例进行稀释后灌溉植物。

浓液罐里的母液浓度，一般比植物能直接吸收的稀营养液浓度高出 100 倍，即浓液与稀液比为 1∶100。但硬水和软水配制营养液浓度的配比是不同的，表 3 – 4 为硬水的浓液配方。

表 3 – 4　硬水地区的浓液配方（英国农业部 1981）

浓液 I	5.0kg 硝酸钙溶解于 100L 水中
浓液 II	100L 水溶解以下各种肥料：
	8kg 硝酸钾（KNO_3）
	4kg 硫酸钾（K_2SO_4）
	6kg 硫酸镁（$MgSO_4$）
	600g 硝酸铵（NH_4NO_3）
	300g 螯合铁（Fe—EDTA）
	40g 硫酸锰（$MnSO_4 \cdot H_2O$）
	24g 硼酸（H_3BO_3）
	8g 硫酸铜（$CuSO_4 \cdot 5H_2O$）
	4g 硫酸锌（$ZnSO_4 \cdot 7H_2O$）
	1g 钼酸铵 [$(NH_4)_2MoO_4$]
浓液 III	6L 硝酸和 3L 磷酸加入水中，使总量达到 100L

表中磷和氮的不足部分由硝酸和磷酸供给，钙除了硝酸钙外，不包括水中含钙的浓度，这里 K/N 比值达 2.55，加酸后其比例会下降。浓液 II 中没有磷肥，所需的磷主要从磷酸中供给（浓液 III）。

在种植果菜类蔬菜树时，前期以营养生长为主，充分促进庞大的植株体生长是本时期的目的。在营养液配制时，可稍微增大氮的浓度，整体 EC 值不用太高，保持在 2.0mS/cm 左右为宜。在生殖生长阶段，对磷、钾的需求量增加，营养液中应增加钾的浓度，同时也应提高电导率。在果实开始采收期，浓液罐中的硝酸钙和硫酸镁的含量应该减少，这样可以促进更多的钾进入营养液系统。

如果栽培所用的水含钙量很高，溶液中钙含量不断积累，配制营养液时就应当减少硝酸钙的用量，如水中含有 120ppm 的钙，则硝酸钙可以完全不加，此时应增加硝酸钾 0.86kg，减少硫酸钾 0.74kg，如果 Ca^{2+}、Na^+、SO_4^{2-}、Cl^- 等在溶液中不断积累，营养液就应该全部更换。

在软水地区配制营养液应该增加硝酸钙用量，使钙浓度达到 120ppm 以上。同时，由于碳酸盐的浓度较低，再配制营养液时酸的用量也可相应减少。但此时应该用磷酸二氢钾来增加磷，同时 K/N 的比值也比较合适，表 3－5 为利用软水配制的 1:100 营养液浓度配方。

浓液 I 和 II 稀释 100 倍后，它的浓度（ppm）为：氮 214、磷 68、钾 434、镁 59、钙 128、铁 4.5、硼 0.4、锰 1、铜 0.2、锌 0.09、钼 0.05。

表 3－5 中氮可从硝酸中供应一部分，但数量很少，水中的钙没有计算在硝酸钙里。

二、营养液的调整

不同类型的植物品种，具有不同的营养需要，特别是对氮、磷和钾，同一植物在其生长的不同阶段，常用不同的营养液浓度。番茄树生长的幼苗期、营养生长期和开花结果期，应该采用不同的营养液浓度，其他作物也与此类似。以氮、钾比为例，在番茄生长的初期，氮和钾的吸收比例为 K/N = 2.5/1（按重量计算）。随着果实的增大，氮的吸收量减少，而钾的吸收量大大增加，因此其吸收比例为 K/N＝2.5/1。当第一批果采收后，植株又开始迅速生长，氮和钾的吸收量增加，这时 K/N 的吸收比例下降到 2/1。

在水耕树式无土栽培系统中，营养液一直处于循环状态。由于作物在生长发育过程中，根系吸收营养元素，同时也会释放一些有机酸和糖类物质，使营养液的酸碱度和成分发生变化，必须及时加以调整，才能满足作物正常生长的需要。营养液的电导率太低时，应加入已配制好的母液，反之 EC 值太高，则应加清水进行调整。电导率（EC）的测量比较简单，但电导率表示的是溶液的总盐浓度，而不表示当时溶液中大量元素和微量元素的浓度。因此，有条件的单位应定期进行化学分析，一般大量元素（N、P、K、Ca、Mg、S）应每 2～3 周分析 1 次，微量元素（B、Cu、Fe、Mn、Mo、Zn）应每 4～6 周分析 1 次，然后根据分析结果进行调整。

一些缺乏化学分析手段的生产单位，也可采用以下方法来管理营养液：前两周使用新配制的营养液，在第二周末添加原始配方营养液的一半，在第四周末把营养液罐中所剩余的营养液排入废液池，从第五周开始再重新配制新的营养液，并重复以上过程。这种管理方法非常简单，可供缺乏分析手段的单位应用。

尽管基质树式无土栽培贮液池中的营养液不需进行监测，但要对栽培池基质进行精确管理。当灌溉水盐度较高或无土栽培系统设置在高温、强日照地区时，对栽培基质的监测显得尤为重要。为了防止基质中盐的累积，每次灌溉时都应有一小部分的营养液从栽培床中排出。如果从栽培池中排出营养液的 EC 值达到 3.0mS/cm 或更高时，则必须利用清水来冲洗栽培床。对于缺乏检测仪器的生产单位，可依据经验，每供两次营养液后，浇透一次清水。

表 3-5 软水地区的浓液配方（英国）

浓液 I	7.5kg 硝酸钙溶解于 100L 水中
浓液 II	100L 水溶解以下各种肥料：
	9.0kg 硝酸钾（KNO_3）
	3.0kg 磷酸二氢钾（KH_2PO_4）
	6.0kg 硫酸镁（$MgSO_4$）
	300g 螯合铁（Fe—EDTA）
	40g 硫酸锰（$MnSO_4 \cdot H_2O$）
	24g 硼酸（H_3BO_3）
	8g 硫酸铜（$CuSO_4 \cdot 5H_2O$）
	4g 硫酸锌（$ZnSO_4 \cdot 7H_2O$）
	1g 钼酸铵［$(NH_4)_2MoO_4$］
浓液 III	10L 硝酸加入 100L 水中

三、营养液的增氧措施

作物根系发育需要有足够的氧气供给，虽然无土栽培显著地改善了作物的根系环境条件，但在无土栽培时，尤其是营养液栽培时，如处理不当，也易产生缺氧，影响根系和地上部分的正常生长发育。

在营养液循环栽培系统中，根系呼吸作用所需的氧气主要来自营养液溶解的氧。增氧措施主要是利用机械和物理的方法来增加营养液与空气的接触机会，增加氧气在营养液中的扩散能力，从而提高营养液中氧气的含量。常用的加氧方法有落差、喷雾、搅拌、压缩空气四种方式（见图 3-1、图 3-2）。其中在树式栽培中，最常用的方法是采用压缩空气法增氧。

夏天气温高，可以将营养液池建在地下来降低营养液的温度以增加溶氧量。另外，也可以降低营养液的浓度来增加溶氧量，有试验证明每降低电导率 0.25mS/cm，约可增加溶氧量 0.1ppm，如图 3-3 所示。

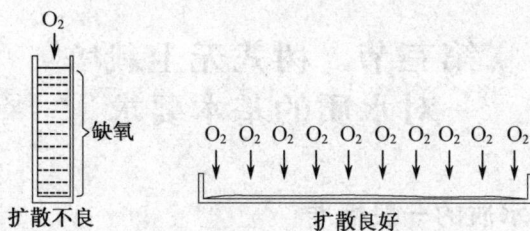

图 3-1　氧对溶液的表面扩散

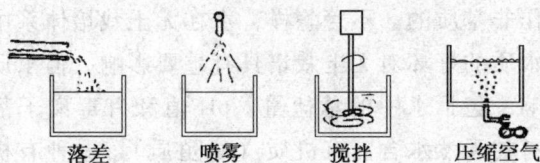

落差　　　喷雾　　　搅拌　　　压缩空气

图 3-2　营养液中加氧的方法

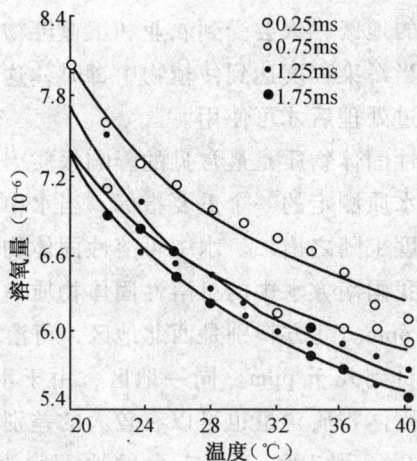

图 3-3　不同温度与浓度下水溶液的溶氧量

在固体基质无土栽培中，为了保持基质中有充足的空气，除了应选用合适的基质种类外，还应避免基质积水。通常应保持基质湿度在 6~40kPa 范围内，以利于根系的正常生长。

第三节 树式无土栽培
对水质的基本要求

一、水质的一般标准

水是唯一的一种液体基质，也是营养液中养分的介质，也有把它当作非基质的。不管怎样，水在无土栽培体系中占有重要地位，水质的好坏对无土栽培具有重要影响。但水质受诸多因素的影响，包括水中的总盐量、pH 值和有毒离子都会影响到水质。有的天然水含有有机质（腐殖质），这种有机质一般不会构成问题，往往还具有好的作用。不过数量过大时，就会降低 pH 值和微量元素的供应，有时吸收一些物质达到产生毒害的程度。有的地区，水会受到农业和工业废物如农药和其他物质的污染，当污染程度达到使植物中毒时，这种水就不能使用，或者需经过处理后才可使用。

水中可溶性固体物质是最常见的影响水质因素之一。可溶性固体物质是水质测定的一个重要指标。当水中的可溶性盐类增加时，盐渍度也随之增加。水中可溶性固体物质的含量范围是相当大的，我国南方水中的可溶性固体物质一般较少，可以是几十到几百 ppm。北方特别是西北地区，可溶性固体物质的含量可以为几百到几千 ppm。同一地区，由于水的来源不同，水中的可溶性固体物质含量也可以有较大的差别。如北京西郊的八里庄，可以不到 100ppm，丰台的地下水则有上千 ppm。不过北京地区的水质有逐渐变好的趋势，现在水壶中的壶锈，明显有所减少。这主要是由于使用水库水的原因。海水中的可溶性固体含量约为 3000ppm。

水中可溶性固体物质含量，可以用一定量的水蒸发进行测定。但这种方法太麻烦。最简便而常用的方法为电导率（EC）

法。其单位为毫西门子/厘米（mS/cm）。这是对可溶性盐所传导的电流的测定，这种测定可以和用可溶性固体物质测定法获得相同的数据，但它们的表现形式不同。一个毫西门子的数值相当于500ppm氯化钠的量，由于水中盐分的不同，其电导率也会有一定程度的变异。电导率可以测定水中的盐分总浓度，但不能测定每一种元素的浓度。任何一种元素的高浓度都会对植物造成危害，不过某些大量元素如钙、氮、磷、钾和硫酸根，不会表现出造成中毒的高浓度。有些元素如钠、镁、锰、硼、锌会出现中毒的高浓度。表3-6列出了美国一些水质标准的资料。

表3-6　灌溉水、饮用水和无土栽培的水质标准（mg/L）（美国）

元素	连续进行土壤灌溉用水	短期对疏松土壤灌溉用水	饮用水	无土栽培用水
铍（Be）	0.5	1.0	—	—
硼（B）	0.75	2.0	—	—
镉（Cd）	0.005	0.05	0.01	0.09
铬（Cr）	5.0	20.0	0.005	1.09
钴（Co）	0.2	10.0	—	0.38
铜（Cu）	0.2	5.0	1.0	0.47
氟（F）	—	—	0.7	—
铁（Fe）			0.3	
铝（Al）	5.0	20.0	0.05	
锂（Li）	5.0	5.0		
锰（Mn）	2.0	20.0	0.05	
钼（Mo）	0.005	0.05		
镍（Ni）	0.5	2.0		0.55
硒（Se）	0.05	0.05	0.01	
钒（V）	10.0	10.0		0.41
锌（Zn）	5.0	10.0	0.5	2.06

　　一般而言，土壤灌溉用水所含的元素浓度远高于无土栽培用水，因为土壤的缓冲能力大，有机质也能吸附一些有害元素，实际上植物直接吸收的元素浓度并不高，而无土栽培用水因无缓冲能力，许多元素必须比土壤灌溉用水低，否则就会产生毒害。因此，农田用水不一定都能适应无土栽培的要求，有时水中其他元素都适合，只有某一元素过量，就会造成对植物的危害，例如硼的危害，对硼敏感的植物在 0.5ppm 以上的浓度就受害，只有对硼耐性强的植物，才能忍受 1ppm 以上的浓度。

二、软水与硬水的营养液配制

　　所谓硬水与软水，一般是以水中钙（Ca）的含量多少来划分的。目前以含钙在 90ppm 以上的称为硬水，不足 90ppm 的称为软水。软水地区除钙外，水中含的镁及其他盐类也比较少，电导率在 0.5mS/cm 左右，是比较好的水质，适于无土栽培。钙和镁在硬水中多以碳酸盐或硫酸盐形式存在，硫酸根离子是植物必需的养分，而碳酸根则不是，水中碳酸根太多，会影响营养液的 pH 值，导致部分营养元素产生沉淀，遇到这种情况时应及时调整 pH 值。北京地区的水属于硬水，钙的浓度大多在 100ppm 左右，电导率在 0.7mS/cm 左右。

　　配制营养液时一定要把水中的元素含量计算在内，因此同样的营养液配方，其营养要素的用量是不同的。

　　营养液和天然水中盐的总浓度，有时用渗透压来表示，它是水的可利用性或活动性的一个测度，细胞间的渗透压差决定着水扩散的方向，渗透压与溶液中的溶质的颗粒数成正比，对无机物来说它决定于每单位体积中的离子数。

　　一般植物进行无土栽培时，水中氯化钠超过 50ppm 对植物的生长有不良的影响。有些学者研究了在总含盐量为 3000ppm 的盐水中，用来进行无土栽培的可能性，这就要考虑许多因素，要选择耐盐的品种。

三、树式栽培水源及其处理技术

蔬菜树式栽培营养液所用水源主要为自来水、地下水、地表水和雨水等。

1. 自来水

自来水是指通过自来水处理厂净化、消毒后生产出来的符合国家饮用水标准的供人们生活、生产使用的水。它主要通过水厂的取水泵站汲取江河湖泊及地下水，经过沉淀、消毒、过滤等工艺流程，最后通过配水泵站输送到各个用户。自来水是蔬菜树式栽培以及常规无土栽培中最为常用的水源，具有供水稳定、方便，水质均一等多种优点。

2. 地下水

广泛埋藏于地表以下的各种状态的水，统称为地下水。大气降水是地下水的主要来源。地下水与人类的关系十分密切，井水和泉水是我们日常使用最多的地下水。地下水中分布最广的是钾、钠、镁、钙、氯、硫酸根和碳酸氢根 7 种离子。地下水中各种离子、分子和化合物的总量称总矿化度，总矿化度小于 1g/L 的，称淡水；1～3g/L 的，称微咸水；3 ～ 10g/L 的，称咸水；10～50g/L 的，称盐水；大于 50g/L 的，称卤水。

选用地下水作为无土栽培营养液水源，具有价格低廉、取水方便等优点。但需要注意的是，地下水有一个总体平衡问题，不能盲目和过度开发，否则容易形成缺水、地下空洞、地层下陷等问题。另外，不同地区地下水质不同，在营养液配制方面也有所变化。

3. 地表水

地表水存在于地壳表面，暴露于大气的水。地表水是河流、湖泊、冰川、沼泽四种水体的总称，亦称"陆地水"。它是人类生活用水的重要来源之一，也是各国水资源的主要组成部分。可用于无土栽培营养液水源的地表水主要是湖泊、河流。由于湖水、河水暴露于外，受外界环境影响较大，在使用前应进行预处理。

4. 集雨

世界上许多地方由于水质不良，影响无土栽培的灌溉效果，因此收集雨水用来灌溉，效果很好。具体做法是将温室屋顶的雨水，集中排放到一个收集池里，使用时经过过滤、净化等处理后，再抽到温室里进行灌溉。在我国西部淡水不足和水质不良的地区，这是解决无土栽培用水的最好方法之一。

5. 水净化处理

蔬菜树式栽培对水质的要求较高，有条件的单位应考虑对营养液配制用水源进行净化处理。净化水的方法有很多，可以用化学、物理、生物等多种方法进行水净化处理。目前，市场上已开发出多种净化水设备，其功能不同，价格差异也很大。净化水设备的主要功能是去除水中泥沙、黏土、铁锈、悬浮物、藻类、生物黏泥、腐蚀产物、大分子细菌、有机物及其他微小颗粒等杂质，达到水质净化的目的。另外，配合电渗析、反渗透、离子交换树脂、活性炭、紫外杀毒等多种处理手段可充分达到水质净化、消毒目的。

第四章　树式栽培基质及其管理

第一节　基质的理化特性

基质栽培是蔬菜树式栽培的重要形式，基质的理化特性与科学配比，对获取优良的栽培效果至关重要。应用于树式无土栽培的基质种类很多，如草炭、岩棉、蛭石、珍珠岩、树皮、锯末、刨花、炭化稻壳、棉籽壳、砂、砾石、陶粒、甘蔗渣、炉渣和酒糟、松树针叶、树脂及各种泡沫塑料等。因而，栽培生产者应根据材料来源的难易、基质的理化特性和价格等条件，选择适合本地区需要的栽培基质。

一、固体基质的作用

固定和支持植物是固体基质最基本的作用。基质使植物能够保持直立而不至于倾倒。

保持水分是固体基质的第二个作用。能够作为无土栽培使用的固体基质都可以保持一定的水分，但基质之间持水能力有较大差异。例如，砾石持水能力较差，只能吸收相当于其体积10%～15%的水分；珍珠岩可以吸收相当于本身重量3～4倍的水分；泥炭则可以吸收保持相当于本身重量10倍以上的水分。要求固体基质吸持的水分，在灌溉间歇期间不致使作物失水而受害。

透气是固体基质的第三个作用。作物的根系进行呼吸作用需要氧气，固体基质颗粒之间的孔隙存有空气，可以供给作物根系呼吸所需的氧。但如果基质过于紧实、颗粒过细，就可能导致基质通气不良。固体基质的孔隙，同时也是吸持水分的地方。因此，在固体基质中，透气和持水两者之间存在着矛盾，即固体基质中空气含量高时，水分含量就低，反之亦然。这样，就要求固体基质的性质能够协调水分和空气两者之间的关系，保证水分、氧气的供应都充足，以满足作物对两者的需要。

固态基质的另一个重要作用是基质的缓冲作用，但不是任何固体基质都有这种作用的，多数固体基质没有这种作用。无土栽培不要求固体基质一定要有这种作用。缓冲作用可以使根系生长的环境比较稳定，即当外来物质或根系本身新陈代谢过程中产生一些有害物质危害作物根系时，固体基质可通过其本身的一些理化性状将这些危害减轻甚至化解。具有物理化学吸收功能的固体基质如草炭、锯末都有缓冲作用。具有这种功能的固体基质，通常称为活性基质。而不具有缓冲能力的基质，如砂子、岩棉等称为惰性基质。在无土栽培生产中，常常会由于营养液中使用了较多的生理酸性盐，在作物吸收过程中产生较强的酸性（氢离子浓度过高）而危害根系，具有物理化学吸收功能的固体基质，可以将这些起危害作用的活性酸吸附而消除其危害性。无土栽培生产中所用的大多数固体基质没有或有很小的缓冲作用，所以其根系环境的物理化学稳定性很差，需要生产者对基质进行处理，使其保持良好的稳定性。

固体基质具备上述的各种作用，是由其本身的物理性质与化学性质所决定的。要清楚了解基质这些作用的大小、好坏，就必须对与之有密切关系的物理、化学性质有一个较具体的认识。

二、基质的物理性质

物理性质是基质的重要特性之一，对栽培作物生长有较大影响的基质物理性质主要有容重、孔隙度、持水量、大小孔隙比及颗粒大小等。

1. 容重

指单位体积基质的重量，容重以基质干重/基质体积表示（即 kg/m³ 或 g/cm³）。可以取一个已知体积的容器，装上基质，称其重量，然后用基质重量除以容器的体积来得到容重。为了比较几种不同基质的容重，可以将这些基质预先放在阴凉通风处风干水分后再测定。不同基质的容重差异很大，同一种基质由于受到压实程度、颗粒大小的影响，其容重也存在着很大差异。例如，新鲜蔗渣的容重为 0.13g/cm³，经过 9 个月堆沤分解之后的容重变为 0.28g/cm³。

基质的容重反映基质的疏松、紧实程度，容重的大小与基质的粒径、总孔隙度等有关。容重大者比重大，总孔隙度则小，容重大的基质操作不方便、透气性差、栽培效果不好。容重过小，则基质过于疏松，基质太轻，通透性较好，有利于作物根系的伸展，但不易锚定作物，给管理上增加困难，也影响作物根系生长。一般认为，基质容重在 0.1 ~ 0.8g/cm³ 范围内，作物生长的效果较好。

2. 总孔隙度

指基质中持水孔隙和通气孔隙的总和，以相当于基质体积的百分数（%）来表示。总孔隙度大的基质，其空气和水的容纳空间就大，反之就小。

总孔隙度的计算方法如下：

$$总孔隙度 = \left(1 - \frac{容重}{比重}\right) \times 100$$

如某基质容重为 0.1g/cm³，比重为 1.55g/cm³，则总孔隙度为：

$$\left(1 - \frac{0.1}{1.55}\right) \times 100 = 93.55\%$$

如果基质的比重未知（比重的测定程序较多），可按下述方法进行粗略估测：

取一已知体积（V）的容器，称重（W_1），加满待测的基质，称重（W_2），然后将装有基质的容器放在水中浸泡一昼夜（加水要加至容器顶部），称重（W_3），再通过下式计算总孔隙度（重量以 g 为单位，体积以 cm^3 为单位）：

$$总孔隙度（\%）= \frac{(W_3 - W_1) - (W_2 - W_1)}{V} \times 100$$

总孔隙度大，容纳空气与水的量就大，反之则小。空气与水容量大的基质一般质轻，有利于植物根系的生长发育，如岩棉、蛭石的孔隙度均在95%以上。砂的孔隙度小，只有30%，水、气容纳量小。因此，为了克服单一基质孔隙度过大或过小所产生的弊病，在实际生产中，常常选用2~3种颗粒大小不同的基质混合使用，用以改善基质的物理性能，一般基质总孔隙度在55%~95%的范围内即可。

3. 基质气水比

大小孔隙比。总孔隙度只能反映在一种基质中空气和水分能够容纳的空间总和，它不能反映基质中空气和水分各自能够容纳的空间。大孔隙是指基质中空气所能占据的空间，即通气孔隙；小孔隙是指基质中水分所能占据的空间，即持水孔隙。在植物生长的根系周围，能提供多少的空气和容易被利用的水分，这是栽培基质最重要的物理特性。最适宜的基质是同时能提供20%的空气和30%~40%容易被利用的水。

气水比是指在一定时间内，基质中容纳气、水的相对比值，通常以大孔隙和小孔隙之比表示。用下式表示：

$$大小孔隙比 = \frac{通气孔隙（\%）}{持水孔隙（\%）}$$

通气孔隙和持水孔隙可按下列方法测定和计算：

取一已知体积（V）的容器，按上述方法测定总孔隙度后，将容器口用一已知重量的湿润纱布（W_4）包住，把容器倒置，让容器中的水分流出，直至没有水渗出，称其重量（W_5），再通过下式计算（重量以 g 为单位，体积以 cm^3 为单位）：

$$通气孔隙（\%）= \frac{W_3 + W_4 - W_5}{V} \times 100$$

$$持水孔隙（\%）= \frac{W_5 - W_2 - W_4}{V} \times 100$$

大孔隙一般孔隙直径在 0.1mm 以上，供液后因重力作用而使水很快流失，因此这种孔隙的作用是贮气。小孔隙是指直径为 0.001 ~ 0.1mm 的孔隙，称为毛管孔隙，贮水称为毛管水，这种孔隙的主要作用是贮水。两者分别代表基质中的气、水状况，小孔隙的数值大，则基质的持水力强，浇水后容易造成通气不畅，基质积水，根系生长不良。反之，毛管孔隙愈小，贮气量愈大，贮水力愈弱。一般气水比保持 1:2 ~ 1:4 范围为宜，这样作物生长良好，并且管理方便。

常见基质的物理性质与 pH 值参数见表 4 - 1。

表 4 - 1　常见基质的物理性质与 pH 值

基质名称	容重（g/cm^3）	总孔隙度（空气容积）（%）	大孔隙（空气容积）（%）	小孔隙（毛管容积）（%）	气水比（以大孔隙值为1）	pH 值
砂子	1.49	30.5	29.5	1.0	1:0.03	6.5
炉渣	0.70	54.7	21.7	33.0	1:1.51	6.8
蛭石	0.46	81.7	15.4	66.3	1:4.31	6.5
珍珠岩	0.16	60.3	29.5	30.75	1:1.04	6.3
岩棉	0.11	96.0	19.4	76.6	1:3.95	6.3
草炭	0.27	84.5	16.8	67.7	1:4.03	3 ~ 6
菇渣(棉籽壳)	0.24	74.9	55.1	19.8	1:0.36	6.4
锯末	0.19	78.3	34.5	43.75	1:1.26	6.2
炭化稻壳	0.15	82.5	57.5	24.73	1:0.43	6.5

4. 粒径

粒径即颗粒大小是指基质颗粒的直径大小，用毫米（mm）表示。基质的颗粒大小直接影响着容重、总孔隙度和基质气水比（大小孔隙比）。同一种基质颗粒越细，容重越大，总孔隙度越小，大小孔隙比越小；反之，颗粒越粗，容重越小，总孔隙度越大，大小孔隙比越大。因此，为了使基质既能满足根系吸水的要求，又能满足根系吸收氧气的需要，基质的颗粒不能太粗。颗粒太粗，虽然通气性较好，但持水性就较差，种植管理上要增加浇水次数；颗粒太细，虽然能有较高的持水性，但其表面吸附的水和小孔隙内留的水分便不易流动、排除，导致颗粒间通气不良，易产生基质内水分过多，造成过强的还原状态，也不利于养分流通和吸收，影响根系生长。因此，颗粒大小应适中，其表面粗糙但不带尖锐棱角，并且孔隙应多而比例适当。不同种类的基质，各自有适宜的粒径。砂粒粒径以 0.5～2.0mm 为宜，陶粒粒径在 1cm 以内为好，而岩棉（块状）等基质粒径大小并不重要。

配制混合基质时，颗粒大小不同的基质混合后，其总体积小于原材料体积的总和。例如，$1m^3$ 砂子和 $1m^3$ 的树皮相混合后，因为砂粒充填在树皮的孔隙中，总体积变为 $1.75m^3$，而非 $2m^3$。同时，随着时间的推移，由于树皮分解，总体积还会减小，这都会削弱透气性。所以，配制混合基质时最好选用抗分解的有机基质，以免颗粒日久后由大变小。无机基质与有机基质相比，其颗粒大小不易因分解而变细变小。

此外，栽培的基质还应有较好的形状，不规则的颗粒具有较大的表面积，能保持较多的水分，多孔物质还能在颗粒内部保持水分，因而保持的水分多。

盆栽植物生长不良或死亡，往往是由于基质的总孔隙度和大小孔隙比的值过小所致，基质中缺乏空气，植物根系因受到自身释放出的二氧化碳的毒害，丧失吸收水分和养分的能力。

尽管灌水可以挤出二氧化碳，引入新鲜空气，但如果基质没有足够大的孔隙，灌水的后果无异于饮鸩止渴。

木屑等有机基质，分解后因颗粒变细变实，会造成大孔隙减少。容器的底和壁建立了一个保持水分的高表面张力界面后，也会导致大孔隙减少。

表4-2列出了几种常用基质的物理性状。

表4-2 泥炭、堆肥和理想基质的性质（李天林，1999）

类　别	泥　炭	堆　肥	理想基质
杂质(塑料,玻璃,石头)	无	低(分类后)	无玻璃等
生理毒素	无	无(堆热后)	无
病害(种子,植物)	无	无或少(堆热后)	无
有害物	无	可能会有重金属	尽可能少
容重(g/cm^3)	0.12~0.25	0.3~1.3	0.1~0.8
总孔隙(%)	85~98	50~80	>75%
小孔隙(%)	40~87	45~65	>60%
pH 值	2.5~3.5	6.5~8.5	5.5~6.5
盐分(g/kg)	<0.5	较高 >3.5	<3.0
N(mg/kg)	0~80	50~500	200~450
P_2O_5(mg/kg)	无	非常高	200~400
K_2O(mg/kg)	0~20	最高6000	250~500
Mg(mg/kg)	20~200	非常高	50~120
微量元素	非常高	高	限量

三、基质的化学性质

了解基质的化学性质及其作用，对生产者在选择基质和配制、管理营养液的过程中做到有的放矢、提高栽培作物的管理效果至关重要。对栽培作物生长有较大影响的基质化学性质主要有基质的化学组成及由此而引起的化学稳定性、酸碱度、盐基交换量、电导率、缓冲能力。

1. 基质的化学稳定性

指基质发生化学变化的难易程度。化学变化的结果引起化学成分的改变而产生新的物质，对营养液的成分和栽培作物的生长都具有一定的影响。在无土栽培中基质的化学稳定性高，可以减少营养液受干扰的机会，保持营养液的化学平衡而便于管理。

基质的化学稳定性因化学组成不同而差异很大，基质的化学组成通常指其本身所含有的化学物质种类及其含量，既包括了作物可以吸收利用的矿物质营养和有机营养，又包括了对作物生长有害的有毒物质等。由无机矿物构成的基质（砂、砾石等），如其成分由石英、长石、云母等矿物组成，则其化学稳定性最强；由角闪石、辉石等组成的次之；而以石灰石、白云石等碳酸盐矿物组成的最不稳定。前两者在无土栽培过程中，不会产生影响营养液平衡的物质；后者则会产生钙、镁离子而严重影响营养液的化学平衡，因此在栽培过程中要经常注意调整营养液的配方。

由植物残体构成的基质，如草炭、锯末屑、炭化稻壳、苇末、甘蔗渣、作物秸秆等，其化学组成比较复杂，对营养液的影响较大。从影响基质的化学稳定性的角度来划分其化学成分类型，大致可分为三类：第一类是易被微生物分解的物质，如碳水化合物中的糖、淀粉、半纤维素、纤维素、有机酸等；第二类是有毒物质，如某些有机酸、酚类、丹宁等；第三类是难被微生物分解的物质，如木质素、腐殖质等。含第一类物质多的基质（新鲜稻草、甘蔗渣等），使用初期会由于微生物活动而引起强烈的生物化学变化，严重影响营养液的平衡，最明显的是引起氮素的严重缺乏。含有第二类物质比较多的基质会直接毒害根系。所以第一、二类物质较多的基质不经处理是不能直接使用的。含第三类物质为主的基质最稳定，使用时也最安全，如草炭、经过堆沤处理后腐熟了的锯末屑、树皮、甘蔗渣等。堆沤是为了降低基质的 C/N 比、消除基质中易分解物质和有毒物质，使其转变成以难分解的物质为主体的基质。

2. 基质的酸碱度

主要用来表示基质的酸碱程度，用 pH 值表示。pH = 7 为中性，pH < 7 为酸性，pH > 7 为碱性。pH 值变化一个单位，酸碱度就增加或减少 10 倍。例如 pH5 较 pH6 的酸度增加 10 倍，较 pH7 酸度增加 100 倍。

基质的酸碱性各不相同，既有酸性，也有碱性和中性。无土栽培基质的酸、碱性应保持相对稳定，且最好呈中性或微酸性状态。过酸、过碱都会影响营养液的平衡和稳定。有关资料表明，石灰质（石灰岩）的砾和砂含有非常多的碳酸钙（$CaCO_3$），用这种砾或砂作基质时，它就会将碳酸钙释放到营养液中，而提高营养液的 pH 值，即产生碱性。这种增加的碱度能使铁沉淀，造成植物缺铁。对于这种砾和砂，虽然可以用水洗、酸洗或在磷酸盐溶液中浸泡等方法减缓其碳酸根离子的释放，但这只能在短期内有效。这一问题使得碳酸岩地区难以进行砾培和砂培。在生产中必须事先对基质进行检验，以便采取相应措施予以调节。生产上比较简便地测定 pH 值的方法是：取 1 份基质，按体积比加 5 份蒸馏水混合，充分搅拌后进行测定。

大多数栽培作物比较适应 5.5 ~ 6.5 的 pH 值范围。调节 pH 值时，碱性物质（如石灰）或酸性物质（如硫黄粉）的用量取决于基质的盐基交换量和起始 pH 值状态，例如，将 pH 值从 5.0 调高为 5.7，泥炭需耗用白云石 $2.1kg/m^3$，砂壤则仅需耗白云石 $0.4kg/m^3$。

一般来说，由于营养液大都偏酸性，基质经多次供液后 pH 值会略有下降或保持与营养液的 pH 值相近；如果用碱性物质调整基质的酸性，则有引起微量元素缺乏之虞。

pH 值与植物养分的溶解度相关联，pH 值的高低对养分有效性有很大的影响。石灰质的砾石富含碳酸钙，供液后溶入营养液中，使 pH 值升高，使铁发生沉淀，造成植物缺铁，故不适于用作基质。糠醛属于强酸性，必须用碱性物质调整其 pH 值至微酸性，否则也不宜用作基质。

3. 盐基交换量

指基质中阳离子的代换量，用 CEC 表示。即在一定酸碱条件下，基质含有可代换性阳离子的数量。以每 100g 基质能够代换吸收阳离子的毫摩尔数（mmol/100g 基质）或毫克当量数（me/100g 基质）来表示（毫克当量/离子价数 = 毫摩尔数）。盐基交换量可表示基质对肥料养分的吸附保存能力，并能反映保持肥料离子免遭水分淋洗且能缓缓释放出来供植物吸收利用的能力，对营养液的酸碱反应也有缓冲作用。

基质的颗粒一般带负电荷。肥料养分水解后形成阴离子和阳离子，阳离子如 NH_4^+、K^+、Ca^{2+}、Mg^{2+}、Na^+，可被带负电荷的基质颗粒所吸附，以抵抗淋洗，直至被其他阳离子（一般为氢离子）所代换。阴离子如 NO_3^-、SO_4^{2-} 和 Cl^-，因不能被带负电荷的颗粒所吸附，易遭受淋洗。

高盐基交换量的基质有较强的养分保持作用，但过高时，因养分淋洗困难，容易出现可溶性盐类蓄积而对植物造成伤害；反之，则只能保持少量养分，因而需要经常施用肥料。有高盐基交换量的基质能缓解营养液 pH 值的快速变化，但当调整 pH 值时，也需使用较多的校正物质。一般来说，有机基质具有高的盐基交换量，故缓冲能力强，可抵抗养分淋洗和 pH 值过度升降。

有的基质几乎没有盐基交换量（如大部分的无机基质），有些却很高，它会对基质中的营养液组成产生很大影响。基质的盐基交换量会影响营养液的平衡，使人们难以按需控制营养液的组分；但也有有利的一面，即保存养分、减少损失和对营养液的酸碱反应产生缓冲作用。应对每种基质的盐基交换能力有所了解，以便权衡利弊而做出使用的选择。几种常用基质的盐基交换量见表 4 – 3。

盆栽时，盐基交换量一般以每 100cm³ 体积所能吸附的阳离子毫克当量 （me） 来表示。通常情况下，基质的盐基交换量在 10 ~ 100me/100cm³ 比较适宜，小于 10me/100cm³ 属低，大于 100me/100cm³ 属高。

表 4 – 3　几种基质的盐基交换量

基质种类	盐基交换量 （me/100g 基质）
高位泥炭	140 ~ 160
中位泥炭	70 ~ 80
蛭石	100 ~ 150
树皮	70 ~ 80
砂、砾、岩棉等惰性基质	0.1 ~ 1

4. 电导度

基质既要含有可供植物吸收利用的氮、磷、钾、铁、镁等营养成分，又要求所含的成分不会对配制营养液产生干扰以及不会因浓度过高而对植物造成伤害，更不允许含有有害物质和污染物质，且化学成分比较稳定。

基质的电导度也叫电导率，是指基质未加入营养液之前，本身具有的电导度，用以表示基质中各种离子的总量（含盐量），一般用毫西门子/厘米 （mS/cm） 表示。电导率是基质分析的一项指标，代表基质中已经电离盐类的溶液浓度。它反映基质中原来带有的可溶盐分的多少，将直接影响到营养液的平衡。基质中可溶性盐含量不宜超过 1000mg/kg，最好 ≤ 500mg/kg。例如受海水影响的砂，常含有较多的海盐成分；

煤渣含代换钙高达 9247.5mg/kg；某些植物性基质含有较高的盐分，如树皮、炭化稻壳等。使用基质前应对其电导率进行测定，以便用淡水淋洗或作其他适当处理。不过电导率只反映盐分总含量，要知基质中具体化合物的组成，则要进行逐项的化学分析。这对使用一种新的基质是有必要的。

一般栽培蔬菜作物时的电导率应大于 1mS/cm。电导率的简便测定方法与酸碱度测定相同，可用专门仪器（电导仪）测量。

5. 缓冲能力

基质的缓冲能力是指基质在加入肥料或酸碱物质后，基质本身所具有的缓和电导（EC）和酸碱性（pH）变化的能力。缓冲能力的大小，主要由盐基交换量以及存在于基质中的弱酸及盐类的多少而决定。一般盐基交换量高，其缓冲能力就强。含有较多的碳酸钙、镁盐基质对酸的缓冲能力大，但对碱没有缓冲能力；含有较多有机酸的基质对碱的缓冲能力较强，而对酸没有缓冲能力；含有较多腐殖质的基质对酸碱两性都有缓冲能力。

依缓冲能力的大小排序，则有机基质＞无机基质＞惰性基质＞营养液。在常用基质中，基质的缓冲能力因材料不同而有很大差异。如草炭的缓冲能力要比堆沤的蔗渣大；有些矿物性基质有很强的缓冲能力，如蛭石，但大多数矿物性基质缓冲能力都很弱。因此，应了解基质的缓冲能力，以便利用优点，避免缺点。基质酸碱缓冲能力的大小，不能用理论计算出来，但可用酸碱滴定的方法测量。

6. 碳氮比

指基质中碳和氮的相对比值。碳氮比高（高碳低氮）的基质，由于微生物生命活动对氮的争夺，会导致植物缺氮。碳氮比达到 50:1 的基质，必须加入超过植物生长所需的氮，以补偿微生物对氮的需求。碳氮比很高的基质，即使采用了良好的栽培技术，也不易使植物正常生长发育。因此，锯末屑、蔗渣和作物秸秆等有机基质，在配制混合基质之前，必须堆沤2~3个月，然后再使用。否则，会严重影响作物的正常生长。通常，碳氮比宜低而不宜高。碳氮比的值 C∶N＝（25~30）∶1 较适合于作物生长。

另外，还应知道基质中氮、磷、钾、钙、镁的含量，重金属的含量应低于致使植物发生毒害的标准。我国常用基质的营养元素含量见表 4 - 4。

表 4 - 4　我国常用基质的营养元素含量（mg/kg）

基质	元　　素					
	全氮（%）	全磷（%）	速效磷	速效钾	代换钙	代换镁
菜园土	0.106	0.077	50.0	120.5	324.7	330.0
炉　渣	0.183	0.033	23.0	203.9	9247.5	200.0
蛭　石	0.011	0.063	3.0	501.6	2560.5	474.0
珍珠岩	0.005	0.082	2.5	162.2	694.5	65.0
炭化稻壳	0.54	0.049	66.0	6625.5	884.5	175.0
岩　棉	0.084	0.228	/	全 13380	/	/
棉籽壳	2.20	2.26	/	全 1700	/	/
菇渣（玉米芯）	1.89	0.137	/	全 7700	全 53700	全 5250
河　沙	0.01	99.2（ppm）		全 307	全 727	全 318
玉米秸	0.84	677（ppm）		全 14300	全 4940	全 2890
麦　秸	0.44	686（ppm）		全 12800	全 3090	全 922
杨树锯末	0.21	226（ppm）		全 2700	全 6890	全 666

第二节　基质的种类

适宜于树式无土栽培的基质种类很多。按照基质的来源，可分为天然基质、人工合成基质，如砂、砾石、草炭等为天然基质，而岩棉、陶粒等则为人工合成基质。按照基质的化学性质，可分为活性基质和惰性基质，所谓活性基质是指具有阳离子代换量或本身能供给植物养分的基质，如草炭、树皮等属于活性基质；所谓惰性基质是指基质本身不能提供养分或不具有阳离子代换量的基质，如砂、砾石、岩棉等就属于惰性基质。按基质配制方法，可分为单一基质和复合基质。所谓单一基质是指使用的基质是以一种基质作为生长介质的，如砂培、岩棉培都属于单一基质；所谓复合基质是指由两种或两种以上的基质按一定的比例混合配制成的基质；生产上为了克服单一基质可能造成的容重过轻、过重、通气不良或持水不足等问题，通常将几种基质混合形成复合基质来使用。此外，按基质组分，又可以分为无机基质和有机基质，砂、岩棉、珍珠岩等均是以无机物组成的，称为无机基质；而锯末屑、稻壳、草炭等是以有机物组成的，称为有机基质。

一、无机基质

1. 蛭石

蛭石是由云母类矿物加热至 $800 \sim 1100$℃ 时形成的。它的颗粒由许多平行的片状物组成，片层之间含有少量水分。蛭石很轻，每立方米约为 80kg，总孔隙度达 95%，大小孔隙比约为 1:4，持水量为 55%。呈中性或碱性反应，具有较高的阳离子交换量，保水保肥能力较强。使用新的蛭石时，不必消毒。蛭石一般含全氮 0.011%，全磷 0.063%，速效钾 501.6 mg/kg，SiO_2 41.89%，Al_2O_3 16.82%，MgO 20.46%，CaO 0.79%，Fe_2O_3

11.42%。所含的 K、Ca、Mg 等矿质养分能适量释放，供植物吸收利用。

采用蛭石作为育苗、扦插和以一定的比例配制成复合栽培基质，效果都很好。无土栽培用蛭石的粒径应大于 3mm，用作育苗的蛭石可稍细些（0.75 ~ 1.0mm）。蛭石的缺点是当长期使用时，结构会破碎，孔隙变小，影响通气和排水。

2. 珍珠岩

珍珠岩由硅质火山岩在 1200℃ 下燃烧膨胀而成，白色、质轻，其容重为每立方米 80 ~ 180kg。呈颗粒状，粒径为 1mm 左右，总孔隙度为 93%，可容纳自身重量 3 ~ 4 倍的水。珍珠岩易于排水，易于通气，物理和化学性能比较稳定，pH 值为 6.0 ~ 8.5，阳离子代换量小，几乎没有缓冲作用和离子交换性能。不易分解，但遭受碰撞时易破碎。珍珠岩可以单独用作基质，也可和草炭、蛭石等混合使用。珍珠岩的成分一般为全氮 0.005%，全磷 0.082%，SiO_2 74%，Al_2O_3 11.3%，Fe_2O_3 2%，CaO 3%，Mn 2%，NaO 5%，K 2.3%。

栽培领域常用珍珠岩的颗粒大小为 3 ~ 4mm。

3. 岩棉

岩棉的制造原料为辉绿岩、石灰岩和焦炭，三者的用量比例相应为 3:1:1 或 4:1:1，在 1600℃ 的高炉里熔化，然后喷成直径 5μm 的纤维，冷却后，加上黏合剂压成板块，即可切割成各种所需形状的岩棉块。

岩棉质轻，容重为每立方米 70 ~ 100kg，总孔隙度 96%，用它来作栽培基质是完全消过毒的，不含有机物。岩棉压制成形后在整个栽培季节里保持不变形。

岩棉在栽培的初期呈微碱性反应，所以进入岩棉的营养液的 pH 值，最初会升高，经过一段时间反应即呈中性。在酸碱度上，岩棉可以认为是惰性的。

岩棉具有高的持水量和低的水分张力，即当岩棉吸足水，处于饱和状态时，岩棉块依其厚度不同，含水量自下而上急速递减，空气含量则自下而上递增，岩棉的吸水性状见表4-5。

岩棉具有低碳氮比和低盐基交换量的特性，含全氮0.084%、全磷0.228%。矿质成分中SiO_2占35.5%~47.0%，铝、钙、镁、铁、锰、钠、钾、硫等占53.0%~64.5%。这些成分多数是植物不能吸收利用的，属于惰性基质。

表4-5 岩棉浸水后不同厚度的空气含量

厚度（cm）	干物质（%）	含水量（%）	空气含量（%）	孔隙度（%）
1.0	3.6	92	4	96
5.0	3.6	85	11	96
7.5	3.6	78	18	96
10.0	3.6	74	22	96
15.0	3.6	54	42	96

岩棉在园艺上的应用，最早始于1968年的丹麦，现在应用面积最大的则是荷兰，英国、比利时、瑞典等也在大力发展岩棉栽培，目前在全世界的无土栽培中，岩棉培的面积居第一位。岩棉被认为是无土栽培最好的基质之一。但岩棉在自然界不能降解、易造成环境污染的问题，至今仍未解决。

4. 砂

砂是无土栽培应用最早的一种基质材料。中东地区、美国亚利桑那州以及其他富有沙漠地的地区，都用砂作无土栽培基质。主要优点是价格便宜，来源广泛，栽培应用的效果也很好；缺点是持水力差、容重大，搬运和更换基质时比较费工。

砂的容重为每立方米1500~1800kg。砂的pH值为6.5~7.8，持水量和碳氮比均低，没有盐基交换量。砂具有易于排水的特性，利于通气，但不易保存水分和养分。砂粒是惰性的，不同粒径的砂粒对植物生长发育有不同的影响，在无土栽培中砂粒直径的大小为 0.5~3mm。砂的粒径大小配合应适当，如太粗易产生基质持水不良，易缺水，但通气条件较好；砂粒太细则保水力较强，但易在砂中滞水，造成通气不良。作为基质使用时应进行过筛处理，剔去过大的砂砾，并用水冲洗，除去泥土、粉砂。

作为无土栽培基质，砂粒不能是石灰岩质的，因为石灰岩质的砂会影响营养液的 pH 值，还会使一些养分失效。

5. 砾石

砾和砂一样均为固体无土栽培基质，颗粒直径大于 3mm，其保存水分和养分的能力，均低于砂，但通气性优于砂。砾石的粒径范围为 1.6~20mm，其中总体积一半的砾石粒径为 13mm 左右。砾的原材料应不含石灰，否则和石灰质的砂一样，会影响营养液的 pH 值和养分。

砾石本身不具有盐基交换量，保持水分和养分的能力差，但通气排水性能良好。砾石在早期的无土栽培中发挥了重要作用，在当今的深液流栽培中，仍作为定植填充物使用。但砾石的容重为 1500~1800kg/m³，给搬运、清理和消毒等日常管理带来很大麻烦。

6. 火山岩

火山岩由火山爆发、熔岩凝固而成，是一种次生矿物。它和珍珠岩基本相似，但较重，也不易吸水。在物理和化学性质上，是惰性的。容重为 700~1000kg/m³，粒径为 3~15mm，

火山岩一般呈红褐色，为多孔蜂窝状的块状物，打碎后使用，结构良好，但持水力较差。常用它和草炭或砂混合种植盆栽植物，也可单独用作无土栽培基质，应用的效果均较好。

7. 陶粒

陶粒是大小比较均匀的团粒状火烧页岩，约在 800~1100℃时煅烧制成。外壳较致密，色赭红。从切面看，内部为蜂窝状的孔隙构造，容重为 500~1000kg/m³，大孔隙多，能

漂浮在水上，通气好，碳氮比低，pH 值为 4.9 ~ 9.0，盐基代换量为 6 ~ 21me/100g。陶粒较为坚硬，不易破碎，可反复使用。颗粒以横径为 0.5 ~ 1cm 者居多，少数横径小于 0.5cm 或大于 1cm。可单独用作无土栽培基质，也可与其他材料混合使用。

8. 炉渣

炉渣是锅炉烧煤后的残渣，来源广泛。炉渣的容重为 700kg/m³，pH 值为 6.8。但未经水洗的炉渣 pH 值较高。使用时炉渣必须过筛，选择大小适于无土栽培的颗粒，方可使用。适宜的炉渣基质应有 80% 的颗粒在 1 ~ 5mm 之间。

炉渣不宜单独用作基质，在基质中的用量也不宜超过 60%（体积）。炉渣一般含有 K0.110%，Ca1.56%，Mg0.244%，Fe1.76%，Mn258mg/kg，Cu34.6mg/kg，Zn48.2mg/kg，B38.6mg/kg。

二、有机基质

1. 泥炭

泥炭，又称泥煤或草炭等，属于煤炭的一种型式，是植物残体在浸水和缺氧环境下腐解堆积保存而形成的天然有机沉积物。它的有机质含量高，蕴涵植物生长所需的丰富的营养成分。

芬兰在 1967 年就成立专门研究泥炭问题的研究所，研究泥炭在果树、蔬菜和花卉上的应用。由于泥炭是不可再生的自然资源，因而美国和日本虽也有较丰富的泥炭资源，但不开采和控制开采，美国把泥炭列入储备资源，日本限量开采，美国和日本均进口加拿大的泥炭。近年来，日本也开始进口中国的泥炭。日本在 2000 年成立专门的中国草炭研究会。我国对这一廉价、优质、丰富的自然资源，目前尚未进行深入的研究和合理利用。而且在许多煤矿的开采过程中，因泥炭属劣质煤，而被弃之于井下或井上，造成泥炭资源的巨大浪费。

　　泥炭是沼泽形成和发育过程中的产物，是五千年乃至一万年以前低洼地上，植物年复一年枯死，呈半腐烂状态，逐年堆积而成的有机质矿体。它不仅是宝贵的非金属矿产资源，而且还是具有潜在肥力的土地资源。

　　在大气氧和微生物（喜氧细菌）的作用下，地表沼泽环境中的植物遗体，在水分过多，空气不足的条件下，其中的有机组成部分（如纤维素、木质素等）经过氧化和分解作用，一部分被彻底破坏变成气体和水分，一部分转化为较简单的有机化合物，而未分解的部分，继续保留在沼泽中。随着植物遗体的不断分解和堆积，堆积物的下部由氧化环境逐渐变为弱氧化甚至还原环境，经过氧化分解和水解作用，早期产物转变成一种新的富含腐殖酸的多水腐殖质，这种腐殖质即是泥炭。

　　泥炭按其植物来源、分解程度、化学物含量及酸化程度的不同，可分为两大类：一类是草炭（Sedge Peat），另一类是泥炭苔（Peat Moss）。

　　草炭（Sedge Peat）的植物来源为莎草（Sedge）或芦苇（Reeds），是较高等的维管束植物。分解后草炭的 pH 值在 5.5 左右。

　　泥炭苔的植物来源是水苔（Sphagnum），其分解程度很低，具有很高的吸收力，大约可吸收自身重量 10 倍的水分。因其来源为水苔类低等植物，并没有维管束（Vascular Bundle），靠每根水苔之间中空的部分传导水分，同时利用大量的自由空隙传导空气。一般而言，泥炭苔即使压缩得很紧，也会有 16% ~18% 的自由孔隙，以便使氧气（空气）流通。泥炭苔酸化程度高，一般 pH 值在 3.8 ~4.5 之间，一般都不利于病菌的生长。泥炭苔中大约有 1.0% 的氮肥，无磷或钾。

　　另外，根据泥炭营养成分含量，泥炭又可分为三类，即低位泥炭（富营养泥炭）、中位泥炭（中营养泥炭）、高位泥炭

（贫营养泥炭）。

（1）低位泥炭：属富营养型草炭，一般分布在地势较低、排水条件较差、常年积水的区域，水源来自富含矿物养料的地下水。这种草炭呈黑色或深灰色，分解度较高，氮素和矿质养分含量较多，酸性低（pH＞5），稍加风干后可直接作肥料。容重较大，吸水、通气性较差，不宜单独用作无土栽培基质。

（2）高位泥炭：属贫营养型草炭，一般分布在地势较高的潮湿地方（高寒山区、森林地带），水源来自含矿物养料少的雨水。这种草炭有机质较多，呈棕色。含氮素和矿质养分（灰分）少，分解程度较差，酸性高（pH＜5），容重较小，持水力、盐基代换量、通气性较好，一般可吸持水分为其干物重的10倍以上。酸性较强的草炭中常含有较多的铁（Fe）、铝（Al）离子，这会对植物生长发育带来危害，会降低土壤中有效磷的含量，因此高位草炭不宜直接作肥料。在无土栽培中可用作复合基质的原料。

（3）中位泥炭：也叫过渡草炭，属中营养型草炭，介于上述两种草炭之间的类型。也可用于无土栽培。

泥炭含大量的有机质和腐植酸，其有机质含量达50%～70%，个别的达85%。腐植酸含量20%～40%。泥炭的含氮量一般为1.5%～2.5%，个别的可达2.8%以上，但草炭含有的速效氮很少，磷钾的含量偏低，一般含磷0.3%～0.5%，含钾0.6%～1.5%。草炭的碳氮比（C/N）为20左右，因此能够改善植物的碳素营养。草炭多呈酸性至微酸性反应，一般pH值为4.5～6.5，东北、西北、华北地区的草炭pH值为4.6～6.6；南方各省的草炭pH值为4.0～5.5。

泥炭在园艺栽培中应用广泛，效果也比较理想。但不同产地的泥炭，由于造炭植物、产地环境以及分解度的不同，其理化性质有很大不同，从而产生不同的栽培效果。以下是优质泥炭的感官判断和指标测定。

1）感官判断：①纯度和一致性。优质泥炭透气性好，粗细均匀，质地疏松，富有弹性，不粘手，杂质少，粗灰分含量少，不含泥土。生产上应该选择纤维粗度合适，均匀一致的泥炭；②颜色。泥炭的颜色有黄、棕黄、褐色、暗褐、黑色等，这与造炭植物和分解度直接相关。由于造炭植物不同，藓类泥炭颜色较浅，一般呈黄或黄褐色；草本泥炭多呈棕褐、褐、黑褐色。另外，随着泥炭分解度的增加，颜色将由浅变深；随着混入物的增加，泥炭颜色的一致性会变差；③泥炭的结构。泥炭结构主要呈海绵状、纤维状或小粒状，这与泥炭的类型、分解度、灰分含量等有关。藓类泥炭的结构多为疏松海绵状，草本泥炭多呈纤维状结构。随着泥炭分解度的增加，其植物残体随之变细变碎，如弱分解的草本泥炭为粗纤维状；中、强分解的草本泥炭呈细纤维状、碎纤维状或颗粒状；矿物质含量较高的泥炭呈土状结构，一般不用于栽培；④分解度。优质的栽培泥炭应具有较小的分解度，从而保持合适的容重和孔隙度，这有利于植物的生长，同时性质也较稳定。一般可用泥炭加水后挤压的方法来确定，具体做法是将泥炭润湿后用手挤压，分解度小的泥炭由于含灰分少，挤出的水几乎透明，放开后会迅速膨胀复原。分解度大的泥炭含有较多灰分，挤出的水浑浊，甚至为黑色，分解的泥炭会从指缝间流出，手捏后呈泥状，不会膨胀复原；⑤灰分含量。灰分含量和泥炭的分解度直接相关，同时受造炭植物的影响。一般分解度小的泥炭，灰分含量较低，分解度相近的泥炭，随造炭植物的不同，灰分含量也会有差别。栽培过程中一般可先判断是属于哪种类型的泥炭，然后测定其分解度来确定灰分含量。

2）指标测定：不同类型和分解度的泥炭，理化性质有很大差异，对植物生长影响较大的指标主要有容重、总孔隙度、大小孔隙比、pH 值、EC 值等。①容重。容重直接影响泥炭的通透性，泥炭容重小，孔隙多，通透性也较好。泥炭容重一般介于 0.15 ~ 0.5 之间，藓类泥炭约为 0.17，草炭为 0.41；②pH 值。泥炭的 pH 值一般在 3.0~6.5 之间，pH 值的大小与造炭植物的种类、产地环境有很大关系。如藓类泥炭 pH 值较低，而草炭的 pH 值一般在 4.5~5.5；③EC 值。EC 值反映介质中原来带有的可溶性盐分的多少，直接影响营养液的平衡和植物的生长。优质的栽培泥炭 EC 值应尽可能低，以便于在生产过程中的调配。EC 值和造炭植物的类型、分解度有关，如同样分解度的泥炭，由苔藓植物经过矿化和腐殖化作用形成的藓类泥炭 EC 值较草炭低。一般随着分解度的增加，EC 值提高。

到目前为止，泥炭仍然被认为是作物无土栽培最好的基质之一。尤其是在工厂化育苗方面，大多数都是以草炭为主，并配合蛭石、珍珠岩等基质。

草炭具有高的持水量和阳离子交换量，具有良好的通气性。能抗快速分解，一般呈酸性，pH 值常小于 5。每立方米加入 4~7kg 白云石粉，能使 pH 值升至满意的种植范围。草炭单独用作无土栽培基质效果会受到一定的影响，而应与炉渣、珍珠岩、蛭石等其他基质混合使用，其用量为 25% ~ 75%（体积），以增加容重，改善结构。

2. 锯末屑

锯末屑又称锯末，为木材加工的副产品。锯末容重小，具有较强的吸水、保水能力，是一种便宜、来源广泛的无土栽培基质。锯末屑容重为 0.19g/cm³，总孔隙度 78%，大孔隙 34%，小孔隙 44%，pH 值为 4.2~6.2。但锯末屑的碳氮（C/N）比值较高，因此在使用前要进行腐熟，腐熟时可加一定量的氮素，加氮量约为每立方米基质 3kg 硫铵，腐熟时间应在 3 个月以上。作为基质使用时应注意树种的特征差异：红木锯末应不超过 30%，松树锯末应经过水洗或经腐熟发酵 3 个月以上，以减少松节油的含量。其他树种一般都可用。加拿大的无土栽培广泛应用锯末，效果良好。锯末可连续使用 2～6 茬，但每茬使用后应加以消毒。锯末一般含有机质 85.2%，N 0.18%，P 0.017%，K 0.138%，Ca 0.565%，Mg 0.0977%，Fe 0.500%，Mn 93.1mg/kg，Cu 15.8mg/kg，Zn 102mg/kg，B 11.2mg/kg。

3. 刨花

刨花在组成上类似锯末，体积较锯末大，通气良好，但持水量和阳离子交换量较低。刨花和锯末一样，具有高的碳氮比（C/N），在使用前应当进行腐熟，腐熟方法同锯末屑。含 50% 刨花的基质，栽培植物的效果良好。

4. 树皮

树皮是木材加工过程中的下脚料，价格低廉，是一种很好的栽培基质。树皮有很多种大小颗粒可供利用，从磨细的草炭状物质到直径 1cm 颗粒。最常用的大小范围为 1.5～6mm 直径的颗粒。一般树皮的容重接近于草炭，与草炭相比，它的阳离子交换量和持水量比较低，碳氮比则较高，使用前须进行腐熟，腐熟方法参考锯末屑，腐熟的时间应在 1 个月以上。在树皮中，阔叶树皮较针叶树皮的碳氮比高。新鲜树皮的主要缺点是具有高的碳氮比和开始分解时速度快，但腐熟的树皮不成问题。

树皮可单独用作无土栽培基质，但一般都与其他基质混合使用，用量占总体积的 25%～75%。

5. 稻壳

稻壳又称砻糠，为稻米加工的副产品。用作无土栽培基质时，通常先行炭化（不可用明火）后使用，称为炭化稻壳。

炭化稻壳色黑，容重为 0.15～0.24g/cm³，总孔隙度 82.5%，其中大孔隙 57.5%，小孔隙 25%，持水量 55%。含全氮 0.54%，全磷 0.049%，速效钾 6625mg/kg，代换钙 884.5mg/kg。未经水洗的炭化稻壳 pH 值常达 9.0 以上，应经过水或酸调节后使用，这样对作物生长比较安全。稻壳使用时应加入适量的氮，以调节其高的碳氮比，在基质中的用量，不能超过 25% 体积。

炭化稻壳通气性好，但持水孔隙度小，持水能力差，使用时需经常浇水。另外稻壳炭化过程不能过度，否则极易破碎。

6. 椰糠

椰糠也称为椰子壳纤维，是椰子加工工业的副产品，是目前在无土栽培上应用越来越多的一种有机基质。椰糠的理化性质与草炭相似，透气和排水性较好，保水和持肥能力也较强，椰糠又是一种可以再生的资源，开发应用前景非常广阔。

椰糠可以单独用作基质，也可与珍珠岩、蛭石、炉渣等混合、配制成复合基质。

7. 菇渣

菇渣是种植食用菌后的废弃培养料，经过堆沤腐熟处理，用作无土栽培的基质，堆沤处理时间一般为 20 ~ 30 天。棉籽壳菇渣容重为 240 Kg/m3，pH 值为 6.4，总孔隙度为 74.9%。菇渣中矿质元素含量较高，棉籽壳菇渣一般含有机质 50.8%，N0.97%，P0.252%，K1.110%，Ca1.86%，Mg0.691%，Fe0.556%，Mn146mg/kg，Cu13.0mg/kg，Zn43.8mg/kg，B11.5mg/kg。菇渣一般不单独用作无土栽培基质，通常与炉渣、砂、蛭石等混合配制成复合基质，种植作物的效果较好。

8. 甘蔗渣

甘蔗渣也称蔗渣，是甘蔗制糖业的副产品，在我国南方来源广泛。蔗渣具有高的持水量和通气性，但新鲜甘蔗渣的碳氮比较高，在用作无土栽培基质之前要进行发酵腐熟。充分腐熟的蔗渣，可用作无土栽培基质。蔗渣堆沤时间对 C/N 比以及物理性状的影响见表 4 - 6。

表4-6 蔗渣堆沤时间对 C/N 比以及物理性状的影响（刘士哲等，1994）

堆沤时间	C/N 比	容重 (g/L)	通气孔隙 (%)	持水孔隙 (%)	大小 孔隙比	pH 值
新鲜蔗渣	169	127.0	53.5	39.3	1.36	4.68
堆沤 3 个月	142	118.5	45.2	46.2	0.98	4.86
堆沤 6 个月	119	115.5	44.5	46.3	0.96	5.30
堆沤 9 个月	56	205.0	26.9	60.3	0.45	5.67
堆沤 12 个月	49	278.5	19.0	63.5	0.30	5.42

9. 作物秸秆

作物秸秆包括玉米秸、玉米芯、葵花秆和芦苇末等，都是农业废弃物，但经过适当的处理可用作无土栽培的基质，从而不但增加了基质的来源，而且大大降低了无土栽培基质的成本。

玉米秸一般是把它粉碎后发酵或直接施于地里。但现在很多农民嫌此工作烦琐，往往放火焚烧，这既污染了环境，又白白浪费了大量的有机物资源。对其作适当的处理后能用于无土栽培，既解决了环境污染问题，又解决了无土栽培基质来源，降低了无土栽培基质的成本，基质使用后还能返田改良土壤，一举三得。处理方法是先粉碎再发酵，发酵时每立方米玉米秸中加入 3.0kg 硫铵（或尿素 1.5kg），然后用水浇湿，使含水量达到 70% ~75%，盖上塑料薄膜，发酵时间由环境温度和是否添加发酵菌来定，夏天一般 20 天左右，冬天要延长。玉米秸一般 pH 值为 7.5 左右，容重 0.13g/cm^3，总孔隙度 83.2%，含有机质 83.2%，N 1.06%，P 0.106%，K 1.070%，Ca 0.668%，Mg 0.392%，Fe 0.102%，Mn 49.4mg/kg，Cu 11.5mg/kg，Zn 17.5mg/kg，B 11.6mg/kg。

随着食用菌的发展，玉米芯绝大部分用来种蘑菇，种完蘑菇后一般就废弃不用了，因此用作基质成本很低，进行无土栽培 2~3 年后还可以还田改良土壤。未种过蘑菇的玉米芯用作基质的前处理方法同玉米秸，种过蘑菇的处理方法也基本相同，只是加氮量可以适当减少。玉米芯作为基质，优势比玉米秸明显，因为玉米芯比玉米秸难分解，使用后损耗量很小。

葵花秆在西北和东北地区较多，往往也是用作燃料或被废弃，葵花秆的处理和发酵方法同玉米秸，所不同的是葵花秆碳氮比较高，发酵时间要长于玉米秸。葵花秆一般 pH 值为 5.7 左右，容重 $0.15g/cm^3$，总孔隙度 67.55%，含有机质 84.97%，N 0.772%，P 0.108%，K 0.862%，Ca 0.242%，Mg 0.348%，Fe 313mg/kg，Mn 20.8mg/kg，Cu 27.1mg/kg，Zn 9.16mg/kg。

腐熟的玉米秸、玉米芯和葵花秆应与炉渣、珍珠岩、蛭石等配制成复合基质后，栽培植物效果较好。

芦苇末是造纸厂的废弃下脚料，南京农业大学等单位开发了商品化的芦苇末基质，已广泛应用于无土栽培。其理化性质如下：容重 $0.20 \sim 0.40g/cm^3$，总孔隙度 80%～90%，电导率 1.2～1.7mS/cm，pH 值为 7.0～8.0，阳离子交换量 60～80me/100g，全氮 1.28%，全磷 0.21%，全钾 0.44%。

10. 泡沫塑料

现在使用的泡沫塑料主要是聚苯乙烯、脲醛和聚甲基甲酸酯，尤以聚苯乙烯最多。这些泡沫塑料可取自塑料包装材料制造厂家的下脚料。泡沫塑料的容重小，约为 $0.01 \sim 0.02g/cm^3$。有些泡沫塑料可以吸收大量的水分，而有些则几乎不吸水。如 1kg 的脲醛泡沫塑料可吸持 12kg 的水，总孔隙度 82.8%，大孔隙为 10.2%，小孔隙为 72.6%，pH 值为 6.5～7.0。泡沫塑料非常轻，用作基质时必须用容重较大的颗粒如砂、砾石来增加容重，否则植物难以固定。由于泡沫塑料的排水性能良好，可以作为栽培床下层的排水材料。

第三节　基质的配制

一、基质的选用

1. 基质选用应注意的问题

基质的物理和化学性质是选用基质的主要标准，但在实际生产中，还要考虑到实用性、经济成本、市场需要、环境要求等方面的影响因素。

（1）适用性：指选用基质的理化性质是否符合种植某种蔬菜的要求。一般来说，基质的总孔隙度在 75% 左右、气水比在 0.5 左右、化学稳定性强、pH 值适中、无有毒有害物质时，都是适用的。基质的适用性还体现在虽然基质的某些性状会阻碍作物生长，但若这些性状是可以通过经济有效的措施予以消除，则这些基质也是适用的。如锯末屑、树皮、作物秸秆等 C/N 较高的基质，经过一段时间的堆沤，就可以用作无土栽培基质。

（2）经济成本：选用基质应遵循因地制宜、就地取材的原则。经济效益是种植者决定是否采用无土栽培技术的关键因素，相对于水培，基质栽培技术较简单，投资小，但各种基质的价格相差很大。有些基质虽能适于作物生长，但来源困难、运输不易且价格较高，因而不宜采用。一般来说，农业有机废弃物的价格最低。例如，在我国大部分地区草炭贮量少，价格高，而作物秸秆、食用菌废料等来源丰富，可就地取材，价格便宜，从经济性的角度考虑，可用这些原料代替价格昂贵的草炭和岩棉基质。

（3）环境要求：随着无土栽培技术的日益普及，所涉及的环境问题也逐渐引起人们的重视，这些环境问题主要有：废旧岩棉处理问题、草炭资源问题以及废弃物可能引起的重金属污染。

西方国家在工业污染得到严格控制后，更加注重防治农业污染。岩棉是西方国家无土栽培使用面积最大的基质，由于废旧岩棉基质在自然条件下不易降解，而将废旧岩棉通过工业处理后再重新利用的成本又太高，因此，在岩棉用量较大的国家，如荷兰，无土栽培的废旧岩棉易造成严重的环境污染。

草炭是世界上应用最广泛、效果较理想的一种栽培基质。然而，草炭是一种短期内不可再生的自然资源，贮藏的总量有限，不能无限制地开采，应尽量减少草炭的用量或寻找草炭替代品。寻找草炭和岩棉的替代基质，是目前无土栽培基质研发的一个热点。

用有机废弃物作栽培基质不仅可解决废弃物对环境的污染问题，而且还可以利用有机物中丰富的养分供应植物生长所需，但应考虑到有机物的盐分含量、有无生理毒素和生物稳定性。另一个重要问题是重金属含量问题，特别是利用城市生活垃圾及工业垃圾时，对重金属的含量必须进行检测。表 4-7是基质重金属标准，可见，中国对蔬菜重金属的控制标准是比较严格的。

表 4-7 基质重金属最大含量（mg/kg）（王久兴，2005）

元素	基 质			
	一般作物	粮食作物	观赏作物	蔬菜作物（中国）
Zn	100	300	1500	206
Cu	50	50	500	71.8
Pb	50	300	500	74.2
Cr	20	25	200	170.8
Ni	10	50	100	77.4
Hg	2	5	5	0.42
Cd	2	5	5	0.58
As	-	-	-	17

基质发展的趋势是复合化，一方面是基于植物生长的实际需要，单一基质较难满足作物生长的各项要求；另一方面则由经济效益及环境因素所决定。选择能够循环利用、不污染环境并且能够解决环境问题的有机—无机复合型基质是将来的主要发展方向。总之，如果仅从基质的物理性质、化学性质、生物学性质的角度考虑的话，可选用的基质材料很多，如果再考虑经济效益、市场需要、环境要求，则基质的选用范围大大减少，各地应因地制宜地选择基质。

2. 理想基质的要求

无土栽培基质也称为"人工土壤"。自然土壤由固相、液相和气相三相组成。固相提供植物的支持和根系延伸，液相提供植物水分和水溶性养分，气相为植物根系提供氧气。土壤孔隙由大孔隙和毛管孔隙组成，前者起通气排水作用，后者起吸水持水作用。无土栽培基质的作用是代替自然土壤，因此理想的无土栽培基质应能满足如下要求：①适于种植众多植物，完成整个生长周期；②容重轻，便于搬运。总孔隙度大，达到饱和吸水量后，尚能保持大量空气孔隙；③吸水率大，持水力强，同时，过多的水分容易疏泄，不致发生湿害。浇水少时，不会开裂；浇水多时，不会黏成一团而妨碍植物根系呼吸；④不携带病虫草害；⑤不会因高温、熏蒸、冷冻而发生变形变质，便于重复使用时进行灭菌灭害；⑥本身有一定肥力，但又不会与化肥、农药发生化学作用，不会对营养液的配制和 pH 值有干扰，也不会改变自身固有理化特性；⑦没有令人难闻的气味；⑧不会污染土壤，本身就是一种良好的土壤改良剂，并且在土壤中含量达到 50% 时也不会出现有害作用；⑨日常管理简便，pH 值容易随意调节；⑩价格不高，用户在经济上能够承受。

二、基质的混合

有些基质可以单独使用，也可以不同的配比混合使用。有两种或两种以上的基质按一定比例混合，即可配成复合基质（也称混合基质）。世界上最早采用复合基质的是德国汉堡的Frushtofer，他在 1949 年将泥炭和黏土等量混合，并加入氮、磷、钾肥料，通过加石灰调节 pH 值后，用于多种作物的育苗和全周期生长。美国加州大学、康奈尔大学从 20 世纪 50 年代开始，用草炭、蛭石、砂和珍珠岩等为原料配制成复合基质，并以商品的形式出售，得到广泛的应用。

除了一些单位生产供应少量花卉营养土外，我国现在以商品化生产出售的无土栽培复合基质还不多。为降低无土栽培的成本，生产上通常根据作物种类和可以利用的基质原料，自行配制复合基质。

配制好的混合基质，在使用时必须测定基质的盐分含量（电导度），以确定基质是否会产生盐害。基质盐分含量可采用电导仪测定基质溶液的电导率来获得。如果需要进一步证明配制的混合基质的安全性，从作物生长外观情况来判断基质是否对作物产生危害。如果在正常供水的条件下，作物幼苗定植后缓苗慢、作物叶片出现凋萎等现象，则说明该基质中的盐分含量可能太高，不能使用。

基质混合的总的要求是降低基质的容重，增加孔隙度，增加水分和空气的含量。基质的混合使用，以 2~3 种混合为宜。比较好的基质应适用于各种作物，不能只适用于某一种作物。如 1:1 的草炭、蛭石，1:1 的草炭、锯末，1:1:1 的草炭、蛭石、锯末或 1:1:1 的草炭、蛭石、珍珠岩，以及 6:4 的炉渣、草炭等混合基质，均在我国无土栽培生产上获得了较好的应用效果。

混合基质量小时可在水泥地面上用铲子搅拌，量大时应用混凝土搅拌器。

干的草炭一般不易弄湿，需提前 1 天喷水，也可加入非离子润湿剂，每 40L 水中加 50g 次氯酸钠，能把 1m³ 的混合物弄湿。

有机基质养分齐全，肥效持久，但养分释放平稳缓慢，难以在作物养分需要的高峰期提供足够的养分，而且质量缺乏稳定性。如秸秆、树皮、锯末要测定碳氮比，一般要调整到30∶1以下，否则在栽培过程中需要追施大量氮肥，并且分解迅速，容易板结。故单一使用有机基质不如与其他基质混合使用，依靠有机基质的团聚作用或成粒作用，能使不同的材料颗粒间形成较大的空隙，保持混合物的疏松，稳定混合物的容重，使混合基质有较好的理化性质，在水、气、肥协调方面优于单一基质，为作物的根系生长创造良好的环境。

第四节　基质消毒

基质在长时间使用后，尤其在连作的情况下，会聚集病菌和虫卵。基质经过栽培一种蔬菜树后，由于蔬菜树生长周期较长，应进行基质消毒工作，然后再重新利用。常用的基质消毒方法，主要为蒸汽消毒、药剂消毒及太阳能消毒。

一、蒸汽消毒

蒸汽消毒简单易行，安全可靠，缺点是需要专用设备，成本高，操作不便。凡有条件的地方，可将用过的基质装入消毒箱（容积 $1 \sim 2m^3$），用通气管通入蒸汽进行密闭消毒。一般在 $70 \sim 90℃$ 条件下持续 30 分钟即可。在进行蒸汽消毒时要注意每次消毒的基质体积不可过多，否则处于内部的基质中的病菌或虫卵不能被完全杀灭。生产上面积较大时，基质可以堆成 20cm 高，长度根据地形而定，基质含水量应控制在 35% ~ 45%，过湿或过干都可能降低消毒效果，全部用防水防高温布盖上，通入蒸汽后，在 $70 \sim 90℃$ 的高温下，消毒 1 小时就能杀死病菌，效果良好，而且也比较安全，但缺点是成本较高。

二、化学药剂消毒

化学药剂消毒是指利用一些对病原菌和虫卵有杀灭作用的化学药剂如甲醛（福尔马林）、溴甲烷（甲基溴）、威百亩、漂白剂（次氯酸钠或次氯酸钙）等来进行基质消毒的方法。一般而言，化学药剂消毒的效果不及蒸汽消毒好，且对操作人员身体不利，但此法操作简单，成本较低。常用的药剂有以下几种：

1. 甲醛（福尔马林）

40%的甲醛俗称福尔马林，是良好的杀菌剂，但杀虫效果较差。一般将40%的原液稀释50倍，地面上垫一层干净的塑料薄膜，其上平铺一层基质，约10cm厚，用喷壶按每立方米基质20～40L药量将基质均匀喷湿，接着再铺上第二层，再用甲醛溶液喷湿，直至所有要消毒的基质均喷湿为止，最后覆盖塑料薄膜，经24～26小时后揭膜，暴晒2天以上，或风干2周，直至基质中没有甲醛气味后方可使用，以避免残留药物危害作物。操作过程中，由于甲醛会挥发出强烈的刺鼻气味，工作人员必须戴上口罩，做好防护工作。

2. 氯化苦

氯化苦为液体，能有效地杀灭线虫、昆虫、一些杂草种子和具有抗性的真菌。氯化苦熏蒸时的适宜温度为15～20℃。消毒前先把基质堆放成高30cm，长宽根据具体条件而定。在基质上每隔30cm打一个深为10～15cm的孔，每孔注入氯化苦5ml，随即将孔堵住，第一层打孔放药后，再在其上堆同样的基质一层，打孔放药，总共2～3层，然后盖上塑料薄膜，熏蒸7～10天后，去掉塑料薄膜，晾7～8天后即可使用。氯化苦对植物组织和人体有毒害作用，使用时务必注意安全。

3. 溴甲烷

利用溴甲烷进行熏蒸是相当有效的消毒方法。溴甲烷在常温下为气态，作为消毒用的溴甲烷是贮藏在特制钢瓶中、经加压液化的液体。对于病原菌、线虫和许多虫卵具有很好的杀灭效果。但由于溴甲烷具有剧毒、强烈刺激性气味，并且是强致癌物质，因而必须严格遵守操作规程，并且须向溴甲烷中加入2%的氯化苦或催泪瓦斯以检验是否对周围环境有泄漏。方法是将基质堆起，在基质面上铺上一根管壁上开有小孔的塑料施药管道（可利用基质培原有的滴灌管道），然后盖上塑料薄膜，用黄泥或其他重物将薄膜四周密闭，用特别的施放器将溴甲烷通过施药管道施入基质中，每立方米基质用药 100 ~ 150g，密闭 5 ~ 7 天后，去掉薄膜，将基质摊开，以使基质中残留的溴甲烷全部挥发，晒 7 ~ 10 天后方可使用。

用溴甲烷消毒时，基质的湿度要控制在 30% ~ 40%，太干或过湿都将影响到消毒的效果。这一点要特别注意。

4. 高锰酸钾

高锰酸钾是一种强氧化剂，只能用在砾石、粗沙等没有吸附能力且较容易用清水冲洗干净的惰性基质上消毒，而不能用于泥炭、木屑、岩棉、蔗渣和陶粒等有较大吸附能力的活性基质或者难以用清水冲洗干净的基质，因为这些基质会吸附高锰酸钾，会直接毒害作物，或造成植物的锰中毒。

高锰酸钾消毒的方法是，先配制好浓度约 5000 倍的溶液，将要消毒的基质浸泡在此溶液 10 ~ 30 分钟，然后将高锰酸钾溶液排掉，用大量清水反复冲洗干净即可。

高锰酸钾溶液也可用于栽培槽、管道、定植板和定植杯的消毒，消毒时也是先浸泡，然后用清水冲洗。消毒时要注意高锰酸钾的浓度不可过高或过低，浸泡时间一般控制在 40 ~ 60 分钟，时间过长会在消毒的物品上留下黑褐色的锰沉淀物，这些沉淀物再经营养液浸泡之后会逐渐溶解并对植物生长造成不利影响。

5. 次氯酸钠或次氯酸钙

这两种消毒剂溶解在水中时会产生氯气，杀灭病菌。次氯酸钙是一种白色固体，俗称漂白粉，在使用时用含有有效氯0.07%的溶液浸泡惰性或易用清水冲洗的基质或其他水培设施和设备 4~5 小时，而后用清水冲洗干净。次氯酸钙不可用于具有较强吸附能力或难以用清水冲洗干净的基质上。

次氯酸钠的消毒效果与次氯酸钙相似，但性质不稳定，没有固体商品出售，一般可利用大电流电解饱和氯化钠（食盐）的次氯酸钠发生器来制得次氯酸钠溶液，每次使用前现制现用。使用方法与次氯酸钙溶液消毒相似。

6. 威百亩

威百亩是一种水溶性熏蒸剂，对线虫、杂草和某些真菌有杀伤作用。使用时每升威百亩加 10~15L 水稀释，然后喷洒在 $1m^3$ 基质上，覆盖薄膜密封，15 天后即可使用。

7. 石灰氮日光消毒

石灰氮，俗称乌肥或黑肥，主要成分为氰氮化钙或称氰氨基化钙（分子式：$CaCN_2$，含氮量为 18%~22%），其他成分有氧化钙和碳素等。石灰氮遇水分解后生成的液体氰胺与气体氰胺（最终进一步生成尿素），不但对基质中的真菌、细菌、根结线虫等具有杀灭作用，而且还可以杀灭基质中其他的有害虫类（蝼蛄、金针虫、蛴螬、螺类）、杂草种子等。

石灰氮作为一种古老的农用化学肥料，已有 100 余年的使用历史。在我国 20 世纪 60 年代中期到 70 年代中期，石灰氮也曾一度被广泛地应用于水稻基肥、调节土壤酸性、补充植物钙素等农业生产方面。从国外引进初期，因石灰氮具有调节土壤酸性的用途，曾被误译为生石灰 CaO 或者熟石灰 Ca（OH）$_2$。然而，随着世界化肥工业的迅速崛起，高效化学肥料得到了大面积的推广应用，加上石灰氮本身具有的比尿素价格高、施肥时污染重、易烧苗等缺点，都大大制约了石灰氮作为肥料在农资领域的进一步发展，也使其一时被人们所遗忘。

近年来，由于在农作物病虫草害防治过程中大量使用的化学农药已严重地威胁到人们的生命健康，这使这种"兼具肥效与药效于一身"的古老"肥料"——石灰氮，重新引起广泛的关注。

消毒方法：在夏天天气最热、光照最好的一段时间，利用休棚的日光温室作为基质消毒场所。每亩施用石灰氮 15 ~ 20kg，均匀撒施于基质表面。翻入基质中以尽量增大石灰氮药肥与基质的接触面积。用透明薄膜将基质表面完全封闭。从薄膜下往基质中灌满水，直至基质湿透为止；在漏水多的地方再灌一次，但不用一直积水。修理温室破损处，将温室完全封闭（注意出入口、灌水沟处不要漏风）。晴天时，利用太阳能日光照射使基质温度能较长时间保持在 40 ~ 50℃之间（基质表面温度可达 70℃以上），持续 20 ~ 30 天，即可有效杀灭基质中的真菌、细菌、根结线虫等有害生物。消毒完成，翻耕基质 7 ~ 14 天后方可播种或定植作物。

消毒作业时必须戴护眼罩、口罩、橡胶手套，身着长裤长袖作业衣，无破损长靴，以免药肥接触皮肤。药肥一旦接触皮肤，请用肥皂、清水仔细冲洗；如误入眼睛，即刻用清水冲洗，严重者请接受医生治疗。需要强调的是，作业前后 24 小时内不得饮用任何含有酒精的饮料。

由于石灰氮作为农业生产资料来施用，是一种氮肥，因此，石灰氮处理过的基质应少施或不必施用氮肥。另外石灰氮遇水生成氢氧化钙，氢氧化钙为强碱性，因此石灰氮处理过的基质应注意调整基质的 pH 值，以免影响作物的正常生长。

三、太阳能日光消毒

蒸汽消毒比较安全但成本较高，药剂消毒成本较低但安全性较差，并且会污染周围环境。太阳能是近年来在温室栽培中应用较普遍的一种廉价、安全、简单实用的基质消毒方法。同样也可以用来进行无土栽培基质的消毒。

具体方法是，夏季高温、光照最好的时间在温室或大棚中，把基质堆成 20~25cm 高的堆（长、宽视具体情况而定），同时喷湿基质，使其含水量超过 80%，然后用塑料薄膜覆盖严基质堆。如是槽培，可将基质铺在栽培槽中，加水后覆盖薄膜。密闭温室或大棚，暴晒 15~25 天，消毒效果良好。

四、基质的更换

蔬菜树栽培基质使用 1~2 茬（2~3 年）后，各种病菌、作物根系分泌物和烂根等大量积累，物理性状变差，特别是有机残体为主体材料的基质，由于微生物的分解作用使得这些有机残体的纤维断裂，从而导致基质通气性下降，保水性过高，这些因素会影响作物生长，因而需考虑更换基质。

更换下来的旧基质要妥善处理以防对环境产生污染。难以分解的基质如岩棉、陶粒等可进行填埋处理，而较易分解的基质如泥炭、蔗渣、木屑等，可施到农田中作为改良土壤之用。

第五章 树式栽培温室及其
环境调控管理

第一节 树式栽培温室类型

蔬菜树式栽培周期长，多为一到两年甚至更长时间，跨春夏秋冬多个季节，外界环境条件变化较大。为了保持相对稳定的生长环境，使蔬菜树植株顺利长大并保持良好的观赏效果，必须采用温室作为保证条件，并根据不同作物的需要，做好环境调控管理工作。

蔬菜树式栽培设施目前使用较多的主要有连栋温室与节能型日光温室两种型式。另外，为了配合蔬菜树的观光效果，也可采用高大异型温室进行栽培种植。

连栋温室光、温等环境控制能力强，自动化程度高。另外，其自身高大，比较适合蔬菜树式栽培。其缺点是造价高，运行费用也相对较高。

日光温室建造简单，成本低廉，近年在我国北方发展迅速。由于蔬菜树体高大，利用日光温室进行树式栽培时，应进行必要的改建。在日光温室室内前坡处开始，下沉 60~70cm，使温室内部净高度增加。另外，在温室内 2~2.5m 高处增设铁丝或塑料绳网架，用于支撑庞大的蔬菜树体。

在我国南方地区，利用高大简易塑料大棚也可进行蔬菜树式栽培。

第二节　树式栽培的环境调控与管理

树式栽培相对于常规栽培来说，其对环境的要求更加严格，不仅需要考虑光照、温度、相对湿度、CO_2 浓度等地上部环境，还需对根际环境进行严格管理，以保证蔬菜树能获得适宜的生长环境，实现树式栽培的各项目标。

一、光照条件及其调控

光照不仅影响光合作用，而且与蔬菜的花芽分化、休眠和产品器官形成都有密切的关系，就光合而言，在一定范围内，光合作用随光强的增强而增加。在冬季设施条件下，往往透光率受影响，所以要充分考虑设施的采光性能。而在夏季，应适当考虑遮阳措施。

各种蔬菜树对光照的要求不同。从光饱和点来看，要求强光的有番茄、甜瓜、西瓜等，其光饱和点为 6 万 ~ 7 万 lx，冬天为 4 万 lx。但由于设施覆盖材料的透光性和作物叶片的相互遮阴等原因，有可能产生设施内由于光照不足而发生的生长障碍。因此，必须深入研究增加室内采光量的设施结构和相应的管理技术。

提高室内采光量，必须从覆盖材料的选择入手，优先采用防尘、防老化、透光性强的覆盖材料。在设施构造方面，单栋式的比连栋式的采光性好。棚室的跨度、高度、倾斜角与采光量也有密切关系。因此，要经过科学测算设计最佳的倾斜角。

人工补光是树式栽培必备的技术之一。目前使用的人工光源多限于电光源。常用的有荧光灯、镝灯、钠灯、氙灯及植物效应灯等。在考虑灯具选择时，首先应选择发射光谱与需用光谱接近的产品，必要时亦可考虑进行多种光源的组合与互补。另外，应选择发光效率高、灯具寿命长、价格低廉的产品，使设备折旧与运行费用最低为原则。

夏季强光、高温会使作物的光合强度降低，因此需进行光合遮光。遮光材料应具有一定的透光率、较高的的反射率和较低的吸收率。

二、温度条件及其管理

1. 昼温及其调控

不同蔬菜作物都有其最适合的温度范围，在白天有光照的条件下，给予最适温度管理，则会促进作物的光合作用。多数作物的光合作用温度范围在 15～33℃ 之间。光合作用最适合温度依作物种类和生育阶段不同而异（见表）。

蔬菜的光合作用在一天当中以上午为强，下午逐渐减弱。因此，在加温条件下，白天温度管理也应是下午比上午低 3～5℃ 为宜。反之，则叶色变淡，叶肉变薄，植株出现徒长状况，尤其是冬季弱光季节，更要注意午后要适当降低室温，以抑制呼吸消耗。

表　常见蔬菜树的最适合温度（℃）

作物名称	发芽期	营养生长期		开花结果期	
		白天	夜间	白天	夜间
黄瓜树	25～28	25～28	13～15	25～28	15～19
番茄树	28～30	25～28	15～17	25～28	20
茄子树	30～35	27～30	不低于17	27～30	20
甜椒树	30～32	25～28	15～18	25～28	15

通常情况下，白天的温度管理是通过自然通风来实现的。也有设置自动开天窗和开侧窗的装置，或安装排风扇进行强制排气。

夏季高温季节室内降温是栽培管理面临的一个难题。最常用的调控方法是在北墙设水帘，南墙设置排气扇（风机），当室温上升到设定值上限，就自动开启排风扇，将水帘滴下的水吸向南侧时气化吸热降温。这种装置国内已具有生产能力，应用较多。另一种是将地下水吸至二重幕顶上，经浇流或喷雾降温，如为玻璃温室，则可将地下水引到屋面流下，能有效降低室温（见图）。此法简易可行。

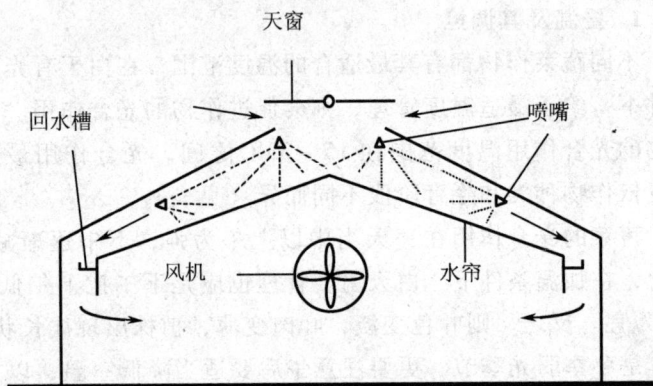

雾帘降温示意图

此外，在温室顶上覆盖黑色遮阳网，也是一种常用的简易夏季降温方式。通常在 35～40℃ 的室温条件下，能降低室温 3～5℃。如配合排风扇则效果更佳。遮阳网对根际温度的降温效果相当明显，晴天中午可降低 8～12℃。

2. 夜温及其调控

蔬菜生长发育过程中，除昼间进行光合作用外，夜间还要继续进行从糖到蛋白质、氨基酸的合成以及养分水分的继续呼吸过程。这些代谢过程，都需要以糖为基础的呼吸作用提供能量为前提。

植物昼间合成的光合产物，到夜幕降临之后，就向果实、新叶、茎、根等非光合器官运转。适宜的夜温是光合产物输送、抑制呼吸消耗的重要保证。夜温的管理，主要由前半夜

（日落后 4~5h）的促进物质运转期的管理和后半夜的抑制呼吸消耗期的管理两部分组成。例如，黄瓜前夜温以 15~18℃ 为宜，后夜温以 10~12℃ 为宜，番茄则前夜温以 12~14℃ 为宜，后夜温以 9~11℃ 进行管理为宜。

夜温的调控，多依靠保温幕和暖风机的启动和关闭来进行。当傍晚室温逐渐下降到 16~20℃ 时，就要关闭保温幕。寒冷季节夜晚的温度调控，主要采用热风炉或暖风机来调控，夏季主要还是采用简易的降温方式来调节。

3. 根际温度及其调控

蔬菜生长过程中，气温和根温存在互补性。当气温低或室内加温不足时，仅仅确保根际温度在适宜范围内，蔬菜也能正常生长；夏季高温季节，虽然气温很高，但如果对根际介质进行降温，也能取得良好的栽培效果。蔬菜树最低的根际介质温度界限是：番茄 10℃，黄瓜 13℃，茄子、甜椒、网纹甜瓜为 15℃。

根际介质的温度管理，主要通过加温或降温和地面覆盖等措施来调节。加温方式有在营养液等介质中设置电加热器或埋设通以温水的黑色塑料水管回流加温等方法。

三、湿度、通风环境及其调控

不同蔬菜树对空气湿度的要求是不同的。例如，黄瓜树较耐湿，一般能耐 80%~90% 的空气相对湿度；番茄、茄子、辣椒等多种蔬菜树要求湿度在 70% 左右；而西瓜、甜瓜树最不耐湿，要求相对湿度在 50% 以下。

树式栽培的温室、大棚内通常采用简易的控湿方法，加湿采用湿帘风机、地面洒水、微雾等措施；降低湿度的方法，一般采用地面铺地膜或通过适时适当地通风换气来实现。

通风有降温、防湿和促进 CO_2 向叶面附近运送的功能，所以，一定程度的风速有利作物的光合作用。据试验，风速在每秒 0.3～0.8m 范围内，光合作用随风速的增加而增强，但如果风速过大，植物为防止过度失水而徐徐关闭气孔，从而降低了光合强度。在设施条件下，外部的风被阻挡在室外，容易造成不通风、湿度高、CO_2 亏缺等状态，因此，维持室温在允许范围内，积极地进行通风换气，使室内外空气能进行交换是很必要的。

四、CO_2 浓度及其调控

CO_2 作为光合作用的原料，对作物的产量和品质有很大的影响。大气中的 CO_2 浓度一般是比较稳定的，约为 0.03%（体积）。大气中的 CO_2 扩散到叶绿体参与光合作用的过程中，会受到一系列的阻力，包括大气层、叶子表面角质层、气孔、叶等都会对 CO_2 扩散到叶绿体的过程产生阻力。光合强度与以上各种 CO_2 扩散阻力的总和成反比。因此，在栽培过程中，如何提高 CO_2 的扩散效率，成为栽培管理中的重要一环。

在设施内，每天早上日出后，作物即开始进行光合作用，室内 CO_2 浓度就开始逐渐降低。上午随着光线的增强，光合强度也逐渐增高，CO_2 浓度也随着降低。一般在密封性很好的温室内，室外 CO_2 几乎不能进入室内，晴朗天气日出后 1～2 小时，CO_2 浓度就下降到限制光合作用正常进行的水平。据连兆煌对大型荷兰温室 CO_2 浓度的测定（番茄），上午最低浓度为 0.017%（体积），呈严重亏缺状态，并一直持续到中午温室通风换气时为止。CO_2 亏缺，不仅影响光合作用，而且也影响根的生长，致使吸肥吸水能力衰退，影响作物的生长、产量和品质。

CO_2 施肥能促进作物的生长，目前增施 CO_2 方法包括：①酒精酿造业的副产品气态 CO_2、液态 CO_2 或经加工而成的固态 CO_2（干冰）；②化学分解，即用强酸与碳酸盐作用释放出 CO_2；③空气分离，即将空气低温液化蒸发分离出 CO_2，再低

温压缩成液态 CO_2；④炭素或碳氢化合物如煤、焦炭、煤油、液化石油气等通过充分燃烧生成 CO_2；⑤利用有机物质如厩肥分解放出 CO_2。选择 CO_2 肥源必须考虑资源丰富、取材方便、成本低廉、纯净无害、设备简单和便于自控等要素。

目前，试验室和小规模的应用主要采用液态 CO_2，它来源于酒精厂的副产品、CO_2 矿井或石灰煅烧立窑排出的气体中回收提纯。在日光温室等设施条件下，常用碳酸氢铵和硫酸反应法制取。国外多用燃烧煤油、乙烷的 CO_2 发生器直接向室内供应，但有发生有害物质混入的危险。CO_2 施用量可由定时器自动控制开闭时间来调节，但要经常用 CO_2 测定仪检测室内的 CO_2 浓度。

第六章　番茄树式栽培
技术与管理

第一节　番　茄

　　番茄又名西红柿，为茄科一年生草本植物。番茄的果实为一年生蔬菜，原产南美洲，我国各地均普遍栽培，夏秋季产出较多。番茄的食用部位为多汁的浆果。它的品种极多，按果的形状可分为圆形的、扁圆形的、长圆形的和尖圆形的；按果皮的颜色分，有大红的、粉红的、橙红的和黄色的。相传早期番茄因其色彩娇艳，人们对它十分警惕，视为"狐狸的果实"，又称狼桃，只供观赏，不敢品尝。但现在它已经成为人类餐桌上的美味。西红柿富含维生素 A、维生素 C、维生素 B_1、维生素 B_2 以及胡萝卜素和钙、磷、钾、镁、铁、锌、铜和碘等多种元素，还含有蛋白质、糖类、有机酸和纤维素。近年来，营养专家研究发现，番茄还具有新的保健功效和防治多种疾病的药用价值。

　　番茄是明代时传入中国的，很长时间一直作为观赏性植物。成书于1621年的《群芳谱》记载："番柿，一名六月柿，茎如蒿，高四五尺，叶如艾，花似榴，一枝结五实或三四实，一数二三十实。缚作架，最堪观。来自西番，故名。"直到清代末年，人们才开始食用番茄。

　　番茄根系发达，大部分根系分布在30cm的耕层内，最深达1.5m，横向分布直径可达1.3m以上，根系的再生能力很强。茎的机械组织不发达，较柔嫩，是在茄果类蔬菜中茎木质化程度最低、最易倒伏的作物。为了提高产量和果实质量，大多数番茄品种都需要支架栽培。但也有少数直立型品种，可不设支架。茎的叶腋间易萌生侧枝，侧枝上的腋芽也会再次萌发侧枝，因此要注意及时整枝打杈，维持良好的株形。根据茎的生长和着花习性，可划分为有限生长和无限生长类型。有限生长型的特点是：主茎生长6~8片真叶时着生第一花序，此后每隔1~2片叶着生一个花序，主茎着生2~4个花序后，不再伸长，自行封顶，株形较矮，开花、结果集中，早熟但产量偏低；无限生长型的特点是：主茎生长7~9片真叶时着生第一花序，以后每隔3片着生一个花序，主茎不断伸长生长，陆续着生花序。株形高大，多为中、晚熟品种，产量较高。

　　番茄茎、叶密生茸毛，分泌汁液，散发特殊气味。叶片为单叶，叶轴上生有5~9个裂片，叶缘有缺刻。根据叶形可分为花叶型、皱缩叶型和马铃薯叶型。番茄花为两性花，花药5~9枚，连接成筒状，包围柱头，花药成熟后向内纵裂，散出花粉，进行自花授粉。花冠黄色，为合瓣花冠。花朵着生在一个总花梗上，由6~8朵花组成总状花序；也有的品种花朵着生在2~3个花梗上，形成复总状花序。番茄的果实是由子房发育而成的浆果，大型果实的心室数目在10个左右，小型果实有2~3个心室。果实形状依据果高与果横径之比的不同，分为圆形、扁圆形、扁平形、长圆形以及李形、梨形、樱桃形、牛心形等。果实颜色有红色、粉红色、橙红色、黄色等。

　　番茄常规栽培的生育周期一般可分为发芽期（从播种到第一片真叶显露，发芽期适宜温度为20~30℃，最低10℃左右）、幼苗期（从第一片真叶显露到第一花序现蕾，此期间白天的适宜温度为25~28℃，夜间13~17℃）、始花着果期（从第一花序现蕾到坐果，开花期的临界温度最高气温在15℃以上，最低气温在5℃以上。当最高气温低于15℃，或者夜温高于26℃，日温高于35℃时都会因不能正常受精而造成落花落果）和结果期（从第一花序坐果到采收结束，坐果以后温度对果实的膨大影响很大，当温度低于 12℃ 时会导致果实生长滞缓。充足的光照、适宜的水分和昼夜温差有利于果实的发育和膨大。番茄果实的成熟过程可分为青熟期、转色期、半熟期、坚熟期和完熟期等五个时期）等四个阶段。

第二节　番茄树式栽培技术管理

一、品种选择

番茄树可以生长一年到两年甚至更长，生育期要贯穿四季，所以在选择和确定番茄品种时，首先应选择无限生长型的番茄。同时还要考虑以下几个方面：

（1）品种的抗病性：应具有抗烟草花叶病毒、叶霉病、青枯病等病害的能力。

（2）品种的耐贮性：为了使果实能够较长地挂果，应选用果皮较厚、耐贮存的品种。

（3）品种的水培适应性：番茄的根系应具有承受一定高液温（27～29℃）的能力。

（4）品种的高观赏性：为了具有较高的观赏价值，应选用着色鲜艳、同一果穗上果径大小均匀一致的品种。

目前，我国番茄树的栽培大都以国外的品种为主，其优点主要表现在种子质量好、抗病性强，耐低温弱光，果实鲜艳、耐贮存，观赏期、采摘期长。

品种推荐：法国红太子 1801、1802，日本微微，彩虹101 等。

二、播种育苗

由于番茄树式栽培采取了非常规的栽培与管理措施，番茄须经约 3~4 个月才开始开花坐果，并且在植株正常生长的条件下，坐果期可以超过半年，所以对育苗的时间一般没有特殊要求。但为了使番茄开花坐果时温室内有较大的昼夜温差，可以选择春、秋两个育苗时间：11 月底、12 月初进行春季播种育苗；6 月底至 7 月初进行秋季播种育苗。番茄定植时的苗龄与定植后的长势有密切关系。一般情况下，越是小苗定植，定植后的长势愈强，当番茄长出 5~6 片真叶、株高 10cm 左右时，即可定植。

种子经过消毒、浸种以后，置于 26~29℃ 的温度下催芽，发芽以后，即可进行播种。

无论采用水培还是基质栽培，一般都采用纯蛭石进行育苗。把发芽后的种子，播种于纯蛭石基质的育苗钵或穴盘中，上面再覆盖 1cm 左右的蛭石，同时覆上一层塑料薄膜以保持湿度。等出苗后去掉塑料薄膜，把温度降到 18~20℃，夜间还可更低一些。纯水培的用苗待植株长到 2 片真叶左右时，洗净根部基质放入水培槽继续培育。基质栽培的用苗待植株长到 4 片真叶时进行倒盆，可先倒入 12mm×12mm 营养钵，等长到 8 片真叶时倒入 30mm×30mm 营养钵中进行养护。

三、栽培装置系统

番茄树式栽培可以采用基质栽培或深液流（DFT）水耕栽培，无论哪种方式都由栽培槽（箱）、贮液池和营养液循环控制系统三部分组成。

基质培栽培箱的填装：在栽培箱底部装上回液装置，然后往栽培箱里装上 10cm 厚的陶粒，再在陶粒上铺一层无纺布，然后倒入拌好的基质，基质距箱沿 5cm 为好。对育苗基质的要求是：蛭石粒径要求 3cm 以上；珍珠岩粒径要求 4mm 以上，无杂质，白色；草炭要求中层。基质配比为蛭石：珍珠岩：草炭 =2:1:1。另外，每方基质中应加入 1kg 碳酸钙。

番茄具有良好的水培适应性，水耕栽培生长迅速。常用的番茄营养液深液流无限生长型栽培系统如图所示。盛放于营养液池中的营养液由水泵提高压力后，以一定的流量被抽取到供液管道中，然后由栽培槽的一端经进液管流入栽培槽内，供给生长于其中的番茄以养分、水分和根系呼吸所需的氧气。营养液经位于栽培槽的另一端的回液管流回营养液池。营养液在此栽培系统中，始终处于循环流动状态。

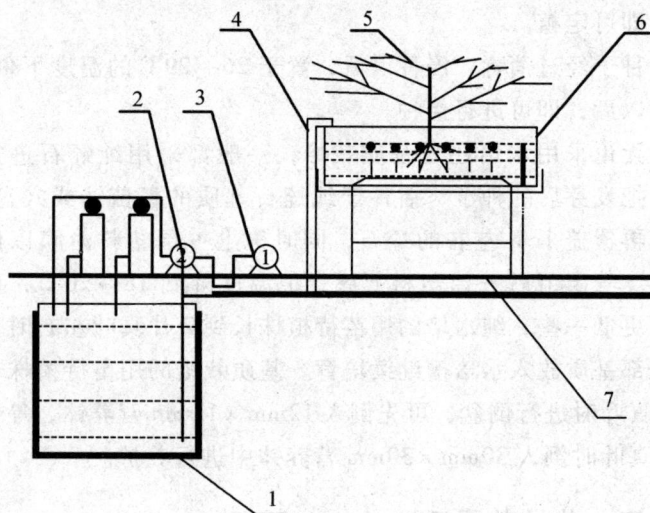

1.营养液池　2.水泵　3.充气泵　4.进液管
5.番茄植株　6.栽培槽　7.栽培槽架

番茄树水耕栽培系统结构图

在图的营养液深液流栽培循环系统中，营养液池由 PVC 板焊接而成，尺寸为 $1.2m \times 1.2m \times 1m$，体积是 $1.44m^3$，埋于地面以下。栽培床架由镀锌角钢焊接而成。栽培槽由 PVC 板焊接而成，尺寸为 $2m \times 1.5m \times 0.2m$，容积为 $0.6m^3$。栽培槽表面距地面为 $0.8m$；在栽培槽上，先由轻质泡沫板作为盖板将栽培槽口覆盖，再在泡沫板上覆盖黑白双色塑料薄膜。

泡沫板中心开直径为 80mm 的圆孔，用于番茄的定植；黑白双色塑料薄膜的外面为白色，用于反射太阳光，里面为黑色，用于营造根系生长所需的黑色环境。回液管的高度可以调节，以控制栽培槽中营养液的水位。

四、植株调整

番茄树的植株调整主要是指整枝，植株调整主要有两个目的，一是获得最大有效光合面积，生长出最大量的果实；二是使其具有树的形状。所以在日常管理时应遵循着两个目标进行。整枝管理的要点是结果前剪掉所有的花，不让其结果，最大限度地保证其有足够的营养生长，为后期结果打好基础。通过多年的实践，笔者总结出了以下几种整枝方式：

1. 三枝六杈十二分枝法

番茄长到 1m 时保留离根部 30cm 以上的 3 个分枝（下部的分枝全部去除），然后在每个分枝上再保留一个分枝，这样就变成 6 个分枝，再在每一个分枝上保留一个分枝，总体上就形成 12 个分枝。保持这 12 个分枝长到番茄树的支架，然后任其生长，原则上不打侧枝，但必须人工对其进行整理，做到分枝错落有致，激发植物的最大潜能。此种整枝方式优点是树形美观，观赏性强，枝组分布均匀，易于管理；缺点是坐果期稍晚，生长前期冠幅增长较慢。

2. 自然整枝法

番茄长到 1m 时保留离根部 30cm 以上的所有分枝（以下的分枝全部去除），并用线绳对分枝进行吊挂，让分枝分布均匀，一般是吊挂成圆锥性，直至上架，其后的管理与"三枝六杈十二分枝"法一样。此种整枝方式的优点是管理随意性强，结果早，易于成型；缺点是上部枝组后期管理麻烦，主枝不易分清。

五、番茄树营养管理

番茄营养液的管理和光照、温度、生长阶段密切相关。光照弱、气温低时其浓度可高些，反之则低些。营养生长阶段，营养液浓度可低些；结果期浓度可相应提高。

正常情况下，在保证营养液 pH 值在 5.5～6.5 的范围时，对营养液浓度进行微调。苗期控制在 1.8～2.0 mS/cm 。营养生长期（以番茄 7 片叶到冠幅达 $10m^2$ 以上的阶段）2.0～2.3 mS/cm。结果期控制在 2.3～2.8 mS/cm（根据植物结果的数量进行调整，一般结果越多浓度越高）。

对于水培番茄树，除了浓度调整外，还要注意番茄根部的液温和溶氧。因为它们也间接影响根部的营养吸收。通常液温保持在 21℃ 左右为好，溶氧可根据温度的变化调整供氧时间的长短，它与根部温度呈正比例关系。同时，还应注意加强营养液的循环，以增大营养液的溶氧量。

水耕栽培营养液可以直接检测，而对于基质栽培来说就稍有麻烦。通常采用下述三种方法对基质栽培营养液进行检测。其一，仪器直接检测，即将检测仪器直接插于基质内检测，现在市场上已有直接检测基质的仪器；其二，挤压法，从栽培箱中取出部分基质，放入纱布进行积压，对挤压出的液体进行检测；其三，排液检测法，每次浇营养液时，对其渗出液进行检测。

六、营养生长与生殖生长的调控

作物的光合产物总量是由生育期内每天的净物质生产量积累起来的。光照、温度、营养液根际环境、作物生长态势等要素都会对每天的光合作用、产物分配输送与呼吸消耗产生综合影响。作物生长发育过程是作物进行物质再生产的一个综合过程，为了获取作物整个生育期的最大有效生产量，除对作物整个生育期的综合环境进行有效的调节控制外，还要对作物各个生育期的生长态势、营养生长与生殖生长进行有效的调节控制。在生长前期主要通过强行抑制生殖生长，加强营养生长，促进光合形态的建立，扩大物质再生产来实现。通过这种调整，可在定植后3个月后形成强大的根系与植株冠层（冠幅直径达4 m左右），为中后期迅速地生殖生长、扩大开花结果创造有利的条件。

七、环境控制

番茄的正常生长发育是与其适宜的环境因素分不开的，而树式栽培生长期达1～2年甚至更长，历经夏季酷暑和冬季严寒。因此，整个番茄生长发育期间，温室环境要素的控制是一件非常重要的工作。温室主要环境因素包括：光照、温度、湿度和二氧化碳。

1. 光照

番茄对光照强度的要求较高。正常生长发育对光照强度的要求是30000～35000lx。在秋冬时，光照较弱，应当尽量保持温室屋面清洁干净，以最大限度地利用自然光照；遇到连阴天或雨雪天气光照不足时，应采取补光灯进行补光。

2. 温度

番茄生长期间的温度控制，白天室内以21～24℃为宜。超过27℃即需开通风窗通风或降温，夜间以16℃为宜，根部可以铺设地热线，采用控温仪将温度控制在21℃左右，以保持根部温度的稳定。

番茄的光合产物在傍晚之前大部分（约占2/3）已经从叶子里转运出去，而夜间所运输的主要是午后的光合产物，大约占1/3。温度直接影响光合产物的运输速率，温度上升，物质运输速率加快，33℃到达顶点，超过33℃，开始下降。因此，通过控制温度，可调节植物体内的物质运输。夜间温度过低，如小于 8℃，光合产物仍留在叶子中，这对第二天光合作用将产生不利影响；温度过高，植株的呼吸作用增加，物质消耗增多。因此，应权衡夜间物质运输、贮存和呼吸消耗的关系，夜间温度管理可从日落后 5 小时维持相对较高温度，以促进光合作用物质运输，而后半夜应保持较低的温度，以抑制呼吸作用。

3. 湿度

夏天可维持空气湿度 60% ~ 80%，冬季可以控制在 50% ~60%。一般采用地表面喷水、湿帘—风机等简易方法增湿；采用地面铺地膜或通过适时的通风换气来降低湿度。

八、病虫害管理

番茄树生长周期长，在设施环境内易受叶霉病、青枯病、白粉虱、螨等病虫害的危害，应有针对性地做好病虫预防与防治工作。

第七章 黄瓜树式栽培技术与管理

第一节 黄　瓜

　　黄瓜，也叫青瓜、刺瓜，葫芦科，黄瓜属。一年生蔓生或攀缘草本，茎细长，有纵棱，被短刚毛。黄瓜栽培历史悠久，种植广泛，是世界普遍食用性蔬菜。黄瓜根系分布浅，再生能力较弱。茎为蔓性、柔嫩，长可达3m以上，有分枝，属无限生长型。因此具有良好的树式栽培潜力。其叶掌状，大而薄，叶缘有细锯齿。花通常为单性，雌雄同株。瓠果，长数厘米至70cm以上。嫩果颜色由乳白至深绿。果面光滑或具白、褐或黑色的瘤刺。有的果实有来自葫芦素的苦味。种子扁平，长椭圆形，种皮浅黄色。中国栽培黄瓜的主要类型有：华北型，主要分布于长江以北各省；华南型，主要分布于东南沿海各省；英国温室型、欧美凉拌生食型和酸渍加工型。

　　黄瓜属喜温作物。种子发芽适温为25～30℃，生长适温为18～32℃。黄瓜对土壤水分条件的要求较严格。生长期间需要供给充足的水分，但根系不耐缺氧，也不耐土壤营养的高浓度。土壤pH值以5.5～7.2为宜。黄瓜可四季栽培。冬春栽培时多用育苗种植，一般采用支架栽培，不搭架的称地黄瓜。生长期长，肥量大，中国概以基肥为主，并在生长期间多次追肥。少雨地区适量浇水，多雨地区注意排水防涝。采收分次进行。嫩果一般在雌花开后7～15天采收。主要病害有霜霉病、白粉病、枯萎病、疫病、角斑病和炭疽病等。主要害虫有：棉蚜、红蜘蛛、温室粉虱、侧多食跗线螨、黄守瓜和种蝇等。黄瓜属常异交作物，隔离采种。嫩果作蔬菜食用。果肉可生食。所含蛋白酶有助于人体对蛋白质的消化吸收，果实可酸渍或酱渍。

第二节　黄瓜树式栽培技术管理

黄瓜树式栽培是一项综合技术集成的产物，其主要关键技术包括：温室综合环境调控与管理，根际环境的调控与管理，营养生长与生殖生长控制与转化等。

一、温室环境调控与管理

1. 温度

黄瓜是依靠低温促进雌花分化和发育的，以夜间温度影响最为明显，在一定的范围内低夜温有利于雌花分化。温室昼夜变温管理，可使黄瓜充分发育。因此，在黄瓜的栽培管理上，保持一定的昼夜温差是温室管理的核心。白天的温度要能保持叶片进行光合作用，夜间的温度应能保证把白天叶片所产生的光合物质输送到发育最旺盛的部位，即需要保持最适宜的温度使同化物质能够充分地输送到作物的茎尖、根部和果实。研究表明，黄瓜树培育过程中以昼温 25 ~ 28℃、夜温 15 ~ 18℃为宜。

2. 光照

黄瓜是对光照较为敏感的作物，光照饱和点为 2 万 ~ 3 万 lx，补偿点为 2000 lx，华北地区夏季晴天光照最高为 10 万 lx，冬季为 4 万 lx。因此，一方面要选择适宜的覆盖材料，避免夏天高温强光；另一方面，要增强温室的透光效果，减少结露，保持温室的透光率在 60% 以上，透光率过低或遇上连阴雨雪天气，应考虑采取补光措施，以满足黄瓜的生长需要。

3. 湿度

一般情况下，较高的空气湿度，有利于黄瓜的光合作用，对其生长有利。但过高湿度容易诱发各种病害。在黄瓜生长发育过程中，较适宜的相对湿度为60%～80%，高限不要超过90%。在夏季通过湿帘—风机系统可提高室内相对湿度，冬季通过密闭控制和地面水分蒸发保持适宜的湿度。

二、根际环境的调控与管理

1. 栽培方式

无土栽培方式大体可以分为两类：一类是不用固体基质固定根部的，叫无基质栽培；另一类是用固体基质来固定根部的，叫有基质栽培。有基质栽培方式按基质的种类不同又可分为有机基质栽培和无机基质栽培。有机基质的材料有草炭、锯末、树皮、稻壳、麦秸和稻草等；无机基质有颗粒基质（如砂、砾、浮石等）、泡沫基质（如聚乙烯、聚丙烯等）、纤维基质（岩棉等）以及其他基质，如珍珠石、蛭石等。

黄瓜根系相比番茄其水培适应性较弱，因此在树式栽培中采用无机基质栽培较好，其栽培系统如图7-1、图7-2所示。

2. 根际温度

在基质无土栽培中，影响黄瓜生长的根际温度主要为栽培基质的温度。基质温度较高或较低时，均会影响黄瓜根系对营养的吸收，较高的基质温度会引起根系呼吸作用增强，加速根系老化，一般根际较适宜的温度为18～25℃。冬季通过铺设电热线，覆盖透明薄膜增温，夏季则通过覆盖聚乙烯泡沫板、隔热覆盖或银灰色反光膜等进行降温调节。

3. 根际氧环境

黄瓜根系生长发育过程中，其呼吸作用要消耗氧气。氧气不足会影响根系对水分、养分的吸收，甚至引起腐烂，使根系

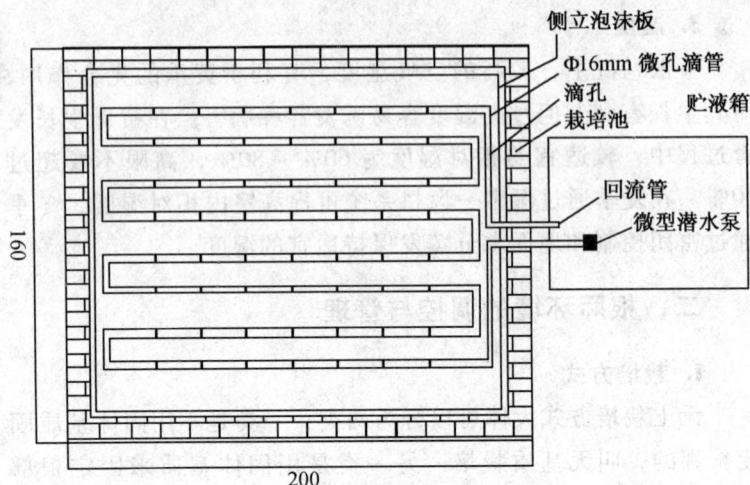

图 7 - 1　黄瓜树栽培池及供液系统平面图

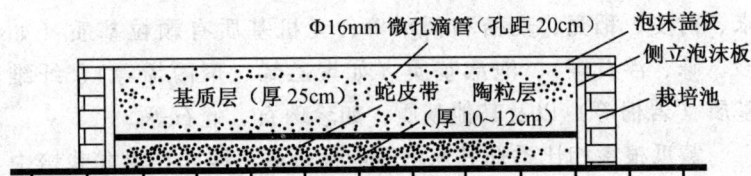

图 7 - 2　黄瓜树栽培池剖面图

激素合成的种类和数量发生变化，从而影响作物地上部的生长；在基质无土栽培中，主要通过基质的分层设计，在底层配以颗粒较大的材料，保持较好的透气性，同时在栽培槽周边设置较好的透气环境来实现。

4. 营养液浓度（电导率 EC）及酸碱度（pH）管理

黄瓜栽培基质对营养液的浓度要求有一个适宜的范围，并且不同的生育时期，营养液浓度的要求也有所不同。在苗期，适宜的 EC 值为 $1.5 \sim 1.8$ mS/cm；摘花以后的营养生长期，适宜浓度为 $2.2 \sim 2.5$ mS/cm；结果期的浓度可调整到 $2.5 \sim 2.8$ mS/cm。黄瓜生长期营养液 pH 适用范围较广，在 $5.5 \sim 7.5$ 范围内可以不必调整，总体上 pH 呈弱酸性较为适宜。

三、营养生长与生殖生长的调控与管理

作物的生长发育是进行物质再生产的一个综合过程，为了获取作物整个生育期的最大有效生产量，除对作物整个生育期的综合环境进行有效的调节控制外，还要对作物各个生育期的生长态势、营养生长与生殖生长进行有效的调节控制。

在生育前期采取强行抑制生殖生长，促进营养生长，壮大单株分枝数和叶面积，从而在黄瓜定植 80 天后很快形成强大的根系与植株冠层，为中后期生殖生长和单株高产创造有利条件。

在生殖生长阶段，重点控制单日成果数量以及营养生长等的协调关系，以保持生殖生长的持续进行和植株的正常生长。

四、病虫害防治

重点以预防为主、综合防治，同时尽量做到无公害、低残留防治。工程措施上，在温室天窗、侧窗外安装防虫网，以防止在天窗、侧窗打开时，害虫侵入温室。

瓜类蔬菜树中的黄瓜、甜瓜、西瓜等抗病性相对较差，在树式栽培过程中由于单株冠幅大、生命周期长等特征，病虫害易于发生，应采取综合预防措施来保障瓜类蔬菜树的健康持续生长。

第八章 甘薯树式栽培技术与管理

第一节 甘 薯

甘薯又称山芋、番薯、红薯、白薯、地瓜等，旋花科甘薯属一年生或多年生蔓生草本植物，在热带或亚热带地区能终年常绿生长，为多年生植物，在温带，遇霜冻会死亡，为一年生植物。甘薯茎匍匐蔓生或半直立，长1~7m，呈绿、绿紫或紫、褐等色。茎节能生芽，长出分枝和发根，利用这种再生力强的特点，可剪蔓栽插繁殖。叶着生于茎节，叶序为2/5。叶片有心脏形、肾形、三角形和掌状形，全缘或具有深浅不同的缺刻，同一植株上的叶片形状也常不相同；绿色至紫绿色，叶脉绿色或带紫色，顶叶有绿、褐、紫等色。聚伞花序，腋生，形似牵牛花，淡红或紫红色。雄蕊5个，雌蕊1个。蒴果近圆形，着生1~4粒褐色的种子。

甘薯是一种用工少、成本低、产量高、经济效益好的农作物，既可作粮食生产种植，也可作经济作物发展，它具有高产、稳产的特性，不但具有适应性广、耐旱等优点，而且还是理想的新垦地先锋作物和灾年渡荒作物，同时甘薯含有丰富的淀粉、蛋白质、可溶性糖分、维生素和生理碱性物质等，是公认的营养平衡食物。甘薯以其突出的高产特性，在20世纪为解决世界性食物短缺起到了非常重要的作用。联合国粮农组织认为，甘薯高产稳产，淀粉含量高，是解决21世纪世界食物和能源短缺最有希望的作物；2004年美国专家把甘薯、全麦粉、鲑鱼和大豆列为 4 大营养食品；近期甘薯被国际卫生组织评为 13 个最佳蔬菜的冠军。甘薯的营养成分如胡萝卜素、维生素 B_1、维生素 B_2、维生素 C 和铁、钙等矿物质的含量都高于大米和小麦粉。非洲、亚洲的部分国家以此作主食；此外还可制作粉丝、糕点、果酱等食品。工业加工以鲜薯或薯干提取淀粉，广泛用于纺织、造纸、医药等工业。甘薯淀粉的水解产品有糊精、饴糖、果糖、葡萄糖等。酿造工业用曲霉菌发酵使淀粉糖化，生产酒精、白酒、柠檬酸、乳酸、味精、丁醇、丙酮等。根、茎、叶可加工成青饲料或发酵饲料，营养成分比一般饲料高 3 ~ 4 倍；也可用鲜薯、茎叶、薯干配合其他农副产品制成混合饲料。因此，发展甘薯生产是满足可持续农业、无公害健康食品及替代能源生产的客观要求（张松树，2005）。

　　世界上甘薯栽培具有悠久的历史，J. B. 埃德蒙等认为甘薯起源于墨西哥以及从哥伦比亚、厄瓜多尔到秘鲁一带的热带美洲。目前，世界甘薯主要产区分布在北纬 40° 以南，栽培面积以亚洲最多，非洲次之，美洲居第 3 位。世界上甘薯年栽插面积约 800 万 hm^2，与其他作物的种植分布显著不同，90% 以上的面积集中在发展中国家。中国甘薯种植历史悠久，自 16 世纪后期甘薯由菲律宾、越南、缅甸、印度等地传入中国福建、广东，而后向长江、黄河流域及台湾省等地传播。经十七八世纪在中国广泛种植以来，面积不断扩大，到 20 世纪 60 年代，甘薯与小麦、水稻、玉米成为中国粮食生产四大作物。甘薯在中国分布很广，以淮海平原、长江流域和东南沿海各省最多。自 1949 年以来，为了解决粮食供需矛盾，我国甘薯栽培面积一直呈上升趋势，最高面积为 1979 年的 1026 万 hm^2，改革开放后随着人民生活水平的提高，甘薯面积开始逐年下降，现年种植面积为 560 万 hm^2 左右，约占世界甘薯面积的 70% ~ 75%。中国单产水平现为 19 t/hm^2 左右，相当于世界平均水平的 130%。多年以来，我国一直是世界上甘薯栽培面积最大、产量最多的国家。甘薯栽培生产对于解决我国的粮食需求和农民收入问题都具有重要的意义。

第二节　甘薯树式栽培技术原理

一、甘薯树式栽培的生理学基础

甘薯有两种类型根系，包括主根和不定根。当用种子繁殖时，实生苗先形成一条主根，是胚根发育形成的种子根，其上再生出侧根，属主根系。一般由主根和一部分侧根发育成块根。当用营养器官繁殖时，从块根、薯苗、茎、叶柄以至叶片发生的根均属不定根。甘薯不定根生长早期，其形态和内部结构与一般双子叶植物相比较均无明显的差异，但栽后20天左右，其内部结构即发生明显变化，在外界条件的作用下，形成不同类型的薯根。由于内部分化状况有所不同，根据不定根的发育情况可分为细根、梗根和块根三种类型：①细根。又称纤维根，形状细长，上有很多分枝和根毛，具有吸收水分和养分的功能。主要分布在30cm的土层内；②梗根。又叫柴根、牛蒡根、鞭根。根粗1cm左右，长约33cm，粗细比较均匀。根内的形成层活动能力强，分生的薄壁细胞较多。但中柱细胞在不良的外界条件下（干旱、高温等）中途迅速木质化，不能产生次生形成层，根体早期停止膨大，细长如"鞭"。消耗养分，无食用价值；③块根。是一种短缩而肥大的变态根，是贮存养料的器官，具有根出芽的特性，是进行无性繁殖的主要器官。这种根的形成层活动旺盛，中柱细胞木质化程度低，能产生大量的次生形成层。由于次生形成层的旺盛活动，分生出大量的薄壁细胞，使根体不断膨大。块根内部贮存大量的淀粉等光合产物。

甘薯三种类型根形态转变的内在条件决定于次生形成层活

动的强弱、发根初期中柱细胞本质化程度。在发根初期，初生形成层活动强烈，同时中柱细胞木质化程度小的幼根才能发育成为块根；如果此生形成层活动程度虽大，但中柱细胞迅速木质化，也不能继续加粗，成为柴根。如果初生形成层活动很弱，不论中柱细胞木质化程度大小，由于不能产生次生形成层，成为细根。影响幼根分化状况因素很多，如品种特性、薯苗壮弱、气候及土质等根际环境条件。在水耕栽培状态下，营养液中的甘薯根系因压力不足和缺少足够氧气，不能膨大成块根，只能形成强大的吸收根群（细根）。

甘薯茎上有节，节上能生芽、长枝、发根。甘薯茎蔓的每个茎节上都有不定根原基，利用茎蔓栽插，极易扎根成活。作为大田栽培植物，甘薯一般采用营养繁殖。薯苗或薯蔓节的根原基长出不定根的幼根，块根便是由这些幼根形成的。因为块根是由不定根形成，所以甘薯每株可形成多个块根，这个特点对产量的提高是有利的，也是树式栽培的生物学基础所在。

二、甘薯树式栽培可行性及优势分析

在合适的环境条件下，甘薯会表现出多年生连续生产特性。温室等设施可提供良好的温光条件供甘薯周年长季节生产。目前甘薯常规栽培一年一茬，由于块根产品的独特性，采收产品时整株也被破坏，不能实现单株的连续生产，未能完全发挥其生产潜力。水耕栽培系统能够为甘薯提供良好的矿物质营养及水分供给，利于甘薯生长及高产目标的实现。所以，研究甘薯的无土栽培，尤其是水耕栽培模式的创新，并实现甘薯块根的连续生产具有重要意义。

基于甘薯根系的生物学特性，由于甘薯根系在深层营养液中因为氧气不足和压力不够而不能形成块根，而甘薯蔓节产生的不定根可以在固体基质或土壤中膨大形成块根。受这些栽培特性的启发，中国农科院杨其长研究员、汪晓云等创建了甘薯

"营养根—块根"根系功能分离型水培模式（见图8-1），在甘薯的设施栽培中试验成功。

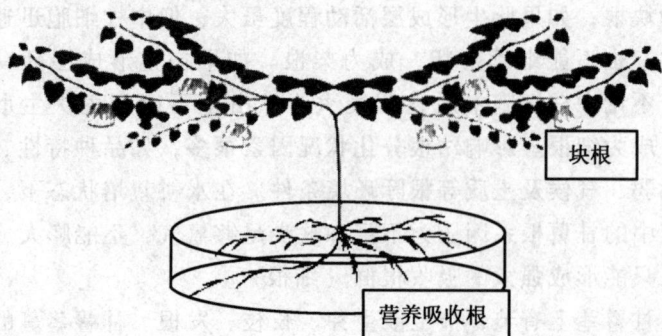

图8-1　水培甘薯"营养吸收根—块根"功能分离栽培模式

该模式是将甘薯原根在营养液中培养成为专一的营养吸收根，而将甘薯蔓节的根原基诱导产生的不定根在固体基质或土壤中膨大发育成块根。此种栽培模式可大幅度延长甘薯的生育期和结果期，实现连续多次结薯，多茬采收，常年提供鲜薯。因为可以在茎蔓上多处压蔓诱导块根产生，此种模式深具增产潜力。

利用甘薯根系功能分离模式栽培甘薯，由于吸收根与块根实现了功能与位置上的分离，在采收块根的同时，不会损伤吸收根系，因此可以像生产黄瓜、番茄那样进行多节位生产甘薯块根，实现甘薯单株块根的连续采收。

甘薯营养吸收根—块根功能分离型栽培模式具有高产潜力，从生理角度而言，此种栽培模式具有以下几点优势。首先，营养吸收根在水培状态下的独立，可使甘薯养分、水分的吸收得以强化，即增强了养分源；其次，块根功能的分离使块根的数量得以提高，并可在多处诱导多块块根形成，增强了库强和库活性；第三，分离后，光合作用和光合产物的源—库运输效率可能得以提升，减少转运距离；最后，在块根单独培养条件下，其生长发育的环境调节非常便利，可采取调控措施提高薯块的产量和品质。

由于甘薯根系在水培环境中难以分化发育成薯块，而容易形成旺盛的吸收根群，发达的根系为根茎以上枝蔓的旺盛生长源源不断地输送养分和水分，使薯秧能较快建立强大的营养体。如果不采取诱导结薯措施，水培甘薯可以使茎蔓和叶片获得高额的生物产量，作为青饲料栽培或叶菜栽培是最佳的栽培手段。另外，该栽培模式还进行单株多年生高产栽培，培养成"甘薯树"，并能实现甘薯的"空中结薯"。这将更有利于观赏和采收，具有很好的观赏价值和科普意义。

甘薯为蔓生地下块根作物，树式栽培本无可能，而甘薯根系功能分离栽培空中结薯的成功使得甘薯树式栽培成为可能。

第三节　甘薯根系功能分离树式栽培技术

一、甘薯树式栽培系统的构建

甘薯根系功能分离树式栽培系统结构设计见图 8-2 所示。栽培系统的甘薯根系功能分离栽培空中连续结薯装置，设有栽培池，在栽培池的周边和上方设有钢管支架，通过吊绳悬挂若干盆钵，盆钵内置有供甘薯茎蔓不定根生长的固体基质。栽培池通过供液管和回液管与地下的营养液池相连，营养液池内置供液泵，通过定时器控制营养液的供给时间和周期。

栽培池内覆塑料膜以盛放营养液，为甘薯营养吸收根提供生长空间。通过供液管和回液管来控制营养液液面的相对稳定，从而避免甘薯营养吸收根系部分缺水发干，或营养液液面太高，淹没甘薯主茎时间过久使其腐烂。通过充气丰氧泵和充气管的工作，可以保证栽培池内的营养液含有足够的溶解氧，

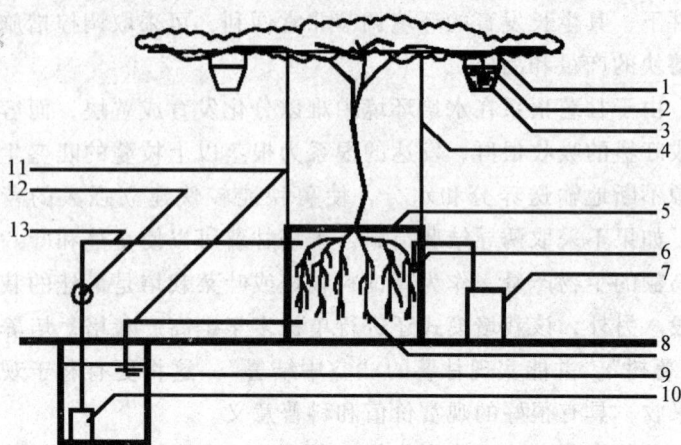

1 吊绳　2 盆钵　3 固体基质　4 钢管支架　5 栽培池　6 充气管　7 充气丰氧泵
8 营养吸收根　9 营养液池　10 供液泵　11 回液管　12 定时器　13 供液管

图 8－2　甘薯单株树式根系功能分离栽培系统示意图

保证营养吸收根群健壮生长。供液管与定时器和营养液泵相连，可设定供液时间和周期。营养液池上方覆盖泡沫板，可避免杂物落入池中，并遮光为根系部分提供黑暗环境。钢管支架用于甘薯茎蔓攀爬，支撑甘薯植株纵向和横向生长。栽培池平放在地面上，不深入地下，从而可以保证装置的可移动性，利于集中生产。钢管支架上每间隔一定距离系有吊绳，用于盆钵与钢管支架的联系，提供一定拉力。盆钵内装有固体基质，埋压甘薯茎蔓后，会诱导茎蔓上不定根的产生，并膨大发育成甘薯块根。所用装固体基质的盆钵要保证一定大小，太小不利于块根的膨大，且块根形状不规则；太大浪费基质和空间，投资增大。要保证块根在整个生长期都处于基质埋没状态，避免开裂、发芽、发青、木质化等。待块根长至一定大小，即可掏空盆内固体基质，去掉盆钵，从而得到"空中甘薯"。根据甘薯植株生长情况，可在钢管支架上连续设置多处盆钵，诱导多处块根形成，实现空中连续结薯。甘薯茎蔓枝叶甚至块根都在空中，装置下方空间被空留出来，可进行其他耐阴性植物的生产，或蔬菜育苗生产等，大大提高了空间利用率。

二、甘薯树式栽培配套技术

将原培育在基质中的"徐薯18"脱毒薯秧洗去根部基质，培育到水耕栽培营养液中，薯秧高度25cm左右，茎节5节。初期营养液的EC值控制在2.0~2.2mS/cm之间，pH值控制在6.0~6.5之间。经水培培养，薯秧很快得到复壮，1个月后根系已生长到30~40cm长，而且非常发达，表现出较强的水培适应性，薯秧高度达到75cm，而后定植到栽培池中，进行水培甘薯单株树式栽培系统应用实施。营养液的EC值提高到2.2~2.5mS/cm之间，pH值控制在6.0~7.0之间。供液定时器设定为每间隔2小时供液5分钟，保持液位的稳定。

甘薯定植后即掐去植株的顶尖生长点，供侧蔓快速生长，通过人工去除多余侧蔓方式先保留5个侧蔓，引导侧蔓上爬生长，待茎蔓攀爬到离根茎高2.0m的平行钢管网架上后，不再去除侧蔓，甘薯分支逐渐增加，茎叶生长开始明显加快。定植两个半月后，植株的冠幅已生长到6m²左右，主要的侧蔓长已达到1.5m左右，此时开始陆续吊挂基质盆钵，将1~2节侧蔓埋入基质中以诱导发生不定根。基质配比主要是草炭:蛭石:珍珠岩=1:1:1，保持基质的湿润，以浇与根部水培相同的营养液为主。埋压约3天后即可在基质中发出3~5条不定根，其后不定根在盆钵中向纵深生长，并部分膨大，发育成块根。压蔓2个月后检查，发现吊挂的盆钵中不定根已明显膨大形成小块根，直径在2~3cm，根长15cm左右。

定植到栽培系统6个月时，该株甘薯树叶面冠幅达到36m²，钢管支架上已陆续吊挂盆钵21个。整株薯秧的叶片仍保持良好的生长状态，主蔓基部和茎部直径达到了2~5cm，营养吸收根系块根。水培容器中的吸收根系生长正常。定植一年时，单株甘薯树块根产量达到 180kg，仍具有连续生产块根能力。

由于甘薯植株大部分吸收根在水培环境中生长，能源源不断地供给植株充足的水分和营养，因此，把薯蔓上已膨大的块根从基质中采收后对植株生长几乎没有什么影响。尤其是采用基质培育薯块，基质优越的环境（小环境）可以让人们很容易触摸到膨大的块根，从而可以随意挑选可以收获的薯块，轻易地将它"掏出"采收，就像采收其他瓜果蔬菜作物的果实一样，而对未长成的块根可以保留继续膨大生长，从而实现了连续多次收获的目的，改变了甘薯传统栽培必须先割秧再挖薯的薯块收获方法。

在悬挂盆钵过程中，将栽培系统中已诱导出块根的盆钵去掉，展现出"空中甘薯"，具有良好的农业观光价值。图 8－3 为甘薯树式栽培配套装置。

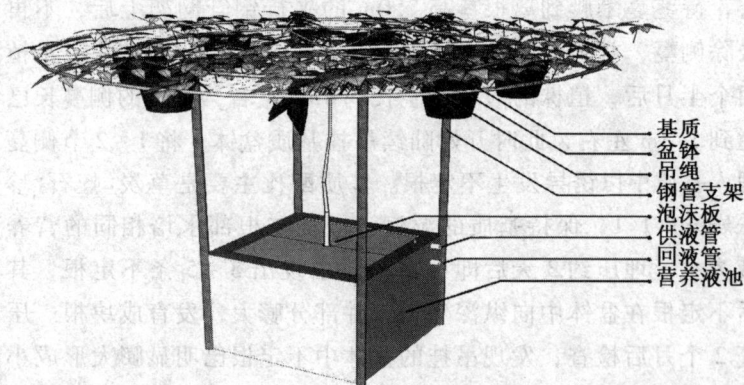

图 8－3　甘薯树式栽培配套装置图示

第九章　辣（甜）椒树式栽培技术与管理

第一节　辣　椒

辣椒，茄科辣椒属。为一年生草本植物。辣椒原产于中南美洲热带地区。15世纪末，哥伦布发现美洲之后把辣椒带回欧洲，并由此传播到世界其他地方。于明代传入中国。清陈淏子之《花镜》有番椒的记载。今中国各地普遍栽培，尤其是湖南、四川，素有辣不怕、不怕辣之称。辣椒已经成为一种大众化蔬菜。

辣椒大多开白色花卉，果实通常呈圆锥形或长圆形，未成熟时呈绿色，成熟后变成鲜红色、黄色或紫色，以红色最为常见。茎高45~75cm。单叶互生；叶片卵状披针形，长5~9.5cm，宽1.5~2cm，全缘，先端尖，基部渐狭，延入叶柄；叶柄长。花1~3朵，腋生，白色；萼广钟形，先端5齿；轮状花冠，径长9~15cm，5裂，裂片长椭圆形，镊合状排列，较冠筒长；雄蕊5枚，有时6~7枚，插生于花冠近基部处，花药长圆形，纵裂；雌蕊1枚，子房2室，少数3室，花柱线状。浆果成熟后变为红色或橙黄色。形状与大小：经栽培后，变异很大，有长圆锥形、灯笼形或球形等；果梗长可至3.5cm，直立或下垂，先端膨大，萼宿存。种子多数，扁圆形，淡黄色。花期6~7月。果期7~10月。从成熟程度来分青辣椒、红辣椒，新鲜的青/红辣椒可做主菜食用，红辣椒经过加工可以制成干辣椒、辣椒酱等，主要用于菜肴调料。辣椒的果实因果皮含有辣椒素而有辣味。能增进食欲。辣椒中维生素 C 的含量在蔬菜中居第一位。

第二节　辣（甜）椒树式栽培技术管理

一、品种选择

辣（甜）椒树式栽培品种一般选用抗性强的品种，通常采用荷兰、法国、以色列等进口品种，如五彩甜椒，产量高、品质好、抗病性强。另外如白公主、紫贵人、桔西亚等品种也表现较好。

二、播种育苗

播种前须对种子进行消毒处理，以杀灭种子可能带有的病菌，如青枯病等。消毒时可用 55℃ 的温水浸种 20 分钟左右，或用 0.4% 的福尔马林溶液浸泡 20 分钟，洗净后置于清水中浸种 4 小时左右，捞出用湿纱布包好，在 30℃ 的催芽箱中催芽，经 1~2 天种子露白后，即可播种。

把发芽后的种子，播种于装有草炭和蛭石或其他混合基质的育苗钵或穴盘中，覆盖 1cm 左右的蛭石，并盖上塑料薄膜保持湿度。出苗后去掉塑料薄膜，白天保持在 25~27℃，夜间 15~18℃。

三、栽培方式

辣椒树一般采用基质栽培。其中蛭石粒径要求 3mm 以上；珍珠岩粒径要求 4mm 以上，无杂质，白色；草炭要求中层。

常用的基质配比为蛭石:珍珠岩:草炭 = 2:1:1。另外，每立方米基质中加入 1kg 碳酸钙。

栽培箱的填装：在栽培箱底部装上回液装置，然后在栽培箱底层装上 10cm 厚的陶粒，再在陶粒上铺一层无纺布，然后倒入拌好的基质，基质距箱沿 5cm 为好。

四、营养液与水分管理

甜椒在生长前期，需肥量少，营养液浓度（EC 值）控制在 1.8～2.0mS/cm。在植株长到 2～3m^2 时开始坐果，此时营养液浓度（EC 值）可控制在 2.2～2.5mS/cm。植株长大以后，结果多、叶面积大，夏季保持 2 天浇透 1 次，冬季至少一星期浇透 1 次。对营养液酸碱度的管理，通常控制 pH 值在 6.0～7.5 为宜。

根据植株生长发育的需要来供给水分。定植后前期由于根系生长范围较小，注意控水，开花坐果前维持基质湿度 60%～65%；开花坐果后以促为主，保持基质湿度在 70%～80%。冬季要求水温在 18℃以上（可在营养液池中加上加温设施）；也可以在栽培箱中铺上电热线，恒温控制在 21℃，浇水温度 12℃以上就可以。

水分管理是辣椒树能否种植成功的关键技术之一，但带有一定的经验性，要视植株状况、基质的温湿度、天气、季节及气候的变化灵活掌握。

五、植株调整管理

当辣椒长至一定高度，应及时拉绳固定，并进行整枝。辣椒树的整枝方法一般采用多杆整枝，即在保留第一次分枝的两条分枝基础上，两条分枝进行第二次分枝时，保留所有分枝，以后的每次分枝按每 20cm 保留一个分枝来处理，直到植株长上支架。

开花结果期应注意疏果，特别是疏掉畸形果及病果，以集中供应养分，提高甜（辣）椒的品质及商品率。

六、环境控制

1. 温度

不同的生长发育时期对温度有不同的要求。幼苗期白天20～25℃，夜间15～18℃，可促进幼苗健壮生长，防止徒长，同时还可促进花芽分化。20℃时开始花芽分化，低于15℃则花芽分化受到抑制。开花授粉以20～27℃的温度较为适宜，低于15℃，难以授粉，易引起落花落果，高于30℃则授粉结实率下降，越夏栽培时受此影响较大。果实发育期和转色期的适宜温度为25～30℃。

辣椒整个生育期内，温度范围为15～30℃，低于15℃生长发育停止，持续低于12℃，就要受到伤害，低于5℃则植株完全死亡。生长发育时期适宜的昼夜温差为6～12℃。

2. 光照

辣椒是好光性植物，各生长发育阶段均需要充足的光照。但过强的光照也不利于其生长，进入夏季需注意光照太强而发生病毒病和日灼病。甜椒又较耐弱光，甜椒光补偿点为1500lx，光饱和点为30000lx。但光照若低于光补偿点，则易引起冷害落果或果实畸形、膨大速度减慢等。

3. 湿度

空气湿度对甜椒的生长发育影响很大，在空气湿度为60%～80%时生长良好。初花期湿度过大和盛花器空气过于干燥，均会造成落花。

七、病虫害防治

在辣椒树式栽培过程中，要注意做好晚疫病、蓟马、茶黄螨等病虫害的防治工作。

第十章 茄子树式栽培技术与管理

第一节 茄 子

茄子为茄科茄属一年生草本植物，在热带为多年生灌木。古称酪酥、昆仑瓜，以幼嫩果实供食，起源于东南亚热带地区，古印度为其最早的驯化地。中国栽培茄子的历史悠久，公元4~5世纪传入中国，南北朝栽培的茄子为圆形，与野生形状相似；元代则培养出长形茄子；到清朝末年，这种长茄被引入日本。现在主要在北半球种植较多。

茄子属直根系，根深50cm，横向伸展120cm，大部分布在30cm耕作层内。茄子常规栽培时主茎上首先结的果实称"门茄"，一级侧枝的果实称为"对茄"，二级侧枝的果实称为"四母斗"，三级侧枝的果实称为"八面风"，以后侧枝的果实称为"满天星"。茄子可分为三个变种：①圆茄：植株高大、果实大，圆球、扁球或椭圆球形，中国北方栽培较多；②长茄：植株长势中等，果实细长棒状，中国南方普遍栽培；③矮茄：植株较矮，果实小，卵或长卵形。

茄子为喜温作物，较耐高温，结果的适宜温度为25~30℃。对光周期长短的反应不敏感，只要温度适宜，从春到秋都能开花、结实。以露地栽培为主，长江流域多于冬季至早春在苗床播种育苗，北方各省于早春利用温床或阳畦播种育苗。由于茄子的结果期长，除要有充足的基肥外，还要求多次追肥（氮肥为主，适当增施磷肥、钾肥）。主要的虫害有地老虎、

28 星瓢虫和红蜘蛛，主要的病害有猝倒病等。

我国茄子栽培面积约 300 多万亩。目前，随着设施园艺产业的发展，茄子设施栽培面积逐渐增多。

第二节　茄子树式栽培技术管理

一、品种选择

茄子树式栽培由于要考虑生长势、观赏性等多种因素，通常选择长茄进行树式栽培。其中绿把长茄又优于紫把长茄，如牟尼卡等品种表现较好。

二、播种育苗

播种前须对种子进行消毒处理，以杀灭种子可能带有的病菌，如青枯病等。消毒时可用 55℃ 的温水浸种 20 分钟左右，或用 0.4% 的福尔马林溶液浸泡 20 分钟，洗净后置于清水中浸种 4 小时左右，捞出用湿纱布包好，在 30℃ 的催芽箱中催芽，经 1~2 天种子露白后，即可播种。

三、栽培方式

茄子树栽培一般都采用箱式基质栽培，蛭石粒径要求 3mm 以上；珍珠岩粒径要求 4mm 以上，无杂质，白色；草炭要求中层。

基质配比为蛭石：珍珠岩：草炭 = 2：1：1，每立方米基质中加入 1kg 碳酸钙。

栽培箱的填装：在栽培箱底部装上回液装置，然后往栽培箱里装上 10cm 厚的陶粒，再在陶粒上铺一层无纺布，然后倒入拌好的基质，基质距箱沿 5cm 为好。

茄子树栽培系统需要网架面积 5 到 $10m^2$，高度要求 2m

到 2.4m。

四、营养与水分管理

茄子植株定植后，在生长前期，需肥量少，营养液浓度控制在 1.8～2.0mS/cm，当植株长到 1m 高有 5～6 个分枝时，可适当提高营养液的浓度至 2.0～2.2mS/cm，当植株爬上网架 30cm 时开始结果，此时植株生长茂盛，对养分的吸收量很大，此时应把营养浓度提高至 2.3～2.5mS/cm。冬季、连阴雨天时，要适当提高供给营养液的浓度 0.2 到 0.3mS/cm。

五、整枝

茄子树的整枝一般采取先放后控，也就是说先可以让其尽可能地营养生长，让其尽快长到一定面积。后控，主要指结果后要适当疏果，使营养生长和生殖生长相协调。

茄子树整个生育期可达到 2～3 年，所以整枝就必须与生育期相适应，避免主枝因长出较多气生根而衰老。

茄子苗长到离根茎 30～40cm 时开始保留侧枝，可以采取"三枝六杈十二分枝"的整枝方法，也可以用"自然整枝法"，即在不影响植株生长的前提下保留 10～12 个主枝，一直保持长上架。三枝六杈十二分枝的整枝方法，植株长大后株型好看，但整枝随意性小，而且后期主枝更换较麻烦，而自然整枝法植株结果早，植株先期观赏性强，后期主枝更换方便。

六、环境控制

1. 温度

茄子树对温度要求较高，并且对高温的忍耐性较强。生育的适温白天为 25～30℃，夜间 18～20℃。当温度低于 15℃易于落花，低于 5℃发生冷害，超过 35℃花器发育受阻，对 30～35℃的高温可以适应。

2. 光照

茄子是喜光作物，不耐弱光，茄子的光补偿点为 2000lx，光饱和点为 4 万 lx。光照强度对茄子的花芽分化、开花结果和果实品质都有深刻的影响，苗期光照不足会影响花芽分化，结果期光照不足果实膨大速度慢，着色差，商品品质下降。

3. 湿度

夏季保持在 60% 到 70%，冬季保持在 50%～60%，避免因为湿度过大造成植株茎秆长出气生根，加速植株衰老。

七、病虫害防治

在茄子树式栽培过程中，要注意做好茶黄螨、白粉虱、枯萎病、线虫等病虫害的防治工作。

第十一章 甜瓜树式栽培技术与管理

第一节 甜 瓜

甜瓜属葫芦科，一年蔓生草本植物，原产于非洲和亚洲热带地区，大约在北魏时期随着西瓜一同传到中国，明朝开始广泛种植。现在我国各地普遍栽培。果实香甜，富含醣、淀粉，还有少量蛋白质、矿物质及其他维生素，果肉生食，止渴清燥。以鲜食为主，也可制作果干、果脯、果汁、果酱及腌渍品等。

按植物学分类方法，把甜瓜分为 8 个变种：网纹甜瓜（ var. reticulatus ）、 硬皮甜瓜 （ var. cantalupensis ）、 冬甜瓜（var. inodorus）、观赏甜瓜（var. dudain）、柠檬瓜（var. chito）、蛇形甜瓜（var. flexuosus）、香瓜（var. makuwa）和越瓜（var. cocomon）等 8 个变种。按生态学特性，中国通常又把甜瓜分为厚皮甜瓜与薄皮甜瓜两种。

甜瓜根系发达，主根深达 1m 以上，侧根分布直径 2 ~ 3m，但根的再生力弱，不宜移植。茎圆形，有棱，被短刺毛，分枝性强。单叶互生，叶片近圆形或肾形，被毛。花腋生，单性或两性，虫媒花，花卉为黄色。果实有圆球、椭圆球、纺锤、长筒等形状，成熟的果皮有白、绿、黄、褐色或附有各色条纹和斑点。果表光滑或具网纹、裂纹、棱沟。果肉有白、橘红、绿黄等色，具香气。种子披针形或扁圆形，大小各异。大的有网纹甜瓜千粒重达 25g 左右，小的有如芝麻千粒重仅 14g

左右。甜瓜种在 16～18℃ 时开始发芽，30℃ 时发芽最快，生长适宜温度为 25～32℃。甜瓜中网纹甜瓜不耐湿润，普通甜瓜次之，越瓜、菜瓜较耐湿。甜瓜要求日照良好，在阳光充足时病害少，植株生长强健，结果多而品质好。

第二节　甜瓜树式栽培技术管理

一、品种选择

1. 伊丽莎白

是从日本引进的特早熟品种。果实圆球形，果皮黄艳光滑，单瓜重 500～600g、果形整齐，坐瓜一致。果肉白色，肉厚 2.5cm，肉软质细，多汁微香，折光糖含量13%～15%。肉色淡黄，种子黄白色。单株结瓜 2～3 个。本品种抗湿、抗病，但不抗白粉病。伊丽莎白是一个使用了多年的甜瓜品种，因现在还有不少地方选用，在此还作一下介绍，但购买种子时需注意种子质量，由于使用年限较长，品种退化严重，一定要购买经过提纯扶壮的伊丽莎白种子。

2. 中密 4 号

中密 4 号是由中国农业科学院蔬菜花卉研究所与新疆农科院园艺所合作育成的网纹甜瓜品种。中熟，授粉后 40～45 天可采收。植株生长健壮，易坐果。果实椭圆形，果皮黄色，灰白色网纹，细密均匀，单果重 0.8～1.2kg。果肉浅橙红色，肉厚 2.5～3cm，肉质脆、香甜，糖度 15% 左右。适宜春秋保护地内种植。网纹甜瓜是甜瓜中的精品，在日本一般都是作高档水果出售，价格不菲，但网纹甜瓜在网纹形成期需要严格的温湿度条件和严格的水分管理，因此要求种植者具备较强的种植技术和较好的设施。

甜瓜的品种很多，种植者可以根据当地的消费习惯和品种类型进行灵活选用，一般适于保护地栽培的品种可以用于无土栽培种植。

二、播种育苗

甜瓜种子可带多种病菌，育苗前应进行种子消毒，方法主要有：

温汤浸种：将体积相当于种子体积 3 倍的 55～60℃的温水，倒入盛有种子的容器，边倒边搅拌，待水温降至 30℃左右停止搅拌，静置浸种 6～8 小时。这种方法可杀死种子表面的病菌，有一定的消毒作用。但对种子内部的病菌杀灭不彻底。

干热消毒：即将干燥的种子放在 70℃的干热条件下处理 72 小时，然后再浸种催芽。这种方法有良好的消毒作用。但要注意严格控制处理湿度和处理时间，防止影响种子的生活力。

药剂消毒浸种方法很多，常用的有：①50%多菌灵可湿性粉剂 500 倍液浸种 1 小时；②用福尔马林 1000 倍液浸种 30～60 分钟。还有其他用苯来特、福美双等药剂消毒。种子消毒后洗净，常温下浸种 6～8 小时使种子充分吸水，然后淘洗干净，沥去水，再进行催芽。

催芽温度保持在 28～30℃，24～36 小时后大多数种子都已发芽，芽长不超过 1cm 前播种。

育苗可采用岩棉块和营养钵等方法。苗龄一般为 35 天，待长至 4 片真叶时定植。另外，也有人用四周和底部带孔的营养杯装小石子播种育苗，将杯放在流动的营养液池中，7～10 天后，2 片真叶时进行移栽，直接将杯嵌放在水培槽盖板孔中，根部浸泡在营养液中。

三、栽培方式

经过实验，甜瓜栽培可采用各种营养液栽培系统，但总的看来，采用非循环的营养液滴灌方式和漂浮板栽培方式为比较好的选择。

四、营养及水分供应

对于循环系统营养液须定期测定其电导率（EC），然后调整补充到原来的浓度。甜瓜营养液的酸碱度以 pH5.5 ~ 6.5 较适宜。偏酸烂根，偏碱易产生沉淀。由于营养元素和根分泌物的累积，营养液中总盐量会增加，需要在甜瓜生长过程中定期调整和更新，保证甜瓜正常生长。

五、环境控制

甜瓜起源于非洲和亚洲热带地区，干旱炎热的热带沙漠气候决定了它们对外界环境条件的要求：喜温、喜日照、空气干燥、昼夜温差大。因此，我们在温室栽培的环境控制上，也应尽可能满足其需要。

1. 温度

甜瓜是喜温作物，在甜瓜植株的整个生育期中最适合的温度是 25 ~ 35℃。各个生育期对温度的要求有所不同：萌芽期最低 15℃，最适 30 ~ 35℃；幼苗生长最适 20 ~ 25℃；果实发育最适 30 ~ 35℃。春季当温度下降到 13℃时生长停滞，10℃完全停止生长，7.4℃就会产生冷害，并出现叶肉失绿、变色的现象。

甜瓜在整个生育期对积温的要求，不同品种有所不同。根据甜瓜不同熟性品种，其有效积温范围大致可划分为：早熟品种，1500 ~ 1750℃；中熟品种，1800 ~ 2800℃；晚熟品种，2900℃以上。

2. 光照

甜瓜是喜光作物，在光照不足的情况下，甜瓜植株的生长发育会受到抑制，植株瘦弱，只开花不结实。

为满足甜瓜植株的正常生长发育，每天最好有 10～12 小时光照。当每天有 12 小时光照时，植株分化的雌花最多；当每天有 14～15 小时的日照时，侧蔓发生早，植株生长快；而当每天光照不足 8 小时时，生长发育将受到影响。甜瓜植株在晴天多、光照充足的地区，表现生长健壮、茎粗、叶片肥厚、节间短、叶色深、病害少、果实品质好、着色佳。相反在阴天多的寡照地区，甜瓜植株表现出茎蔓细长、瘦弱、叶片薄、色淡、易徒长、易感染病害、果实品质差。

甜瓜植株生育期内对日照时数的要求因品种不同而异。通常早熟品种需 1100～1300 小时光照，中熟品种需 1300～1500 小时光照，晚熟品种需 1500 小时以上的光照。甜瓜对光照强度的要求是：光补偿点 4000lx，光饱和点 55000lx。在光照充足时，要避免长期曝晒后发生日灼。

3. 水分

甜瓜是喜水作物。但各个生长发育阶段对水分的要求是不一样的，通常幼苗期需水量少，可以不补充或少补充。伸蔓至开花期和开花至坐果期植株大量需水，应抓紧灌溉供水，果实发育期对水分的需要逐步减少。

六、植株调整与授粉

甜瓜的整枝摘心是甜瓜生产上最重要、技术性又最强的一项技术措施，是种植甜瓜成败的关键。因此，各地瓜农非常重视。在树式栽培中，更是看中其植株调整技术。

甜瓜结瓜常以孙蔓为主，也有部分子蔓结瓜，但主蔓结瓜的极少。因此，大部分品种均进行主、侧蔓摘心，采用单蔓、双蔓或多蔓整枝的方式。各地甜瓜生产上采用不同的整枝方式，均是根据不同品种的结果习性及传统应用习惯而定。

甜瓜树式栽培前期，应充分促进其营养生长，通过营养液调整和去除花果等措施抑制其生殖生长，使茎蔓和叶片快速生长，达到 $30\sim50m^2$ 或更大面积的冠幅。

在甜瓜的整个生育期中，摘心打杈是甜瓜合理整枝的主要手段。它可以起到调节体内养分分配、平衡营养生长与生殖生长关系，改善田间通风透光条件等作用，是促进坐果和稳定产量的重要措施。其技术要领是：及时、准确、彻底。甜瓜的茎蔓生长很快，需要打掉的侧枝要及时摘除；摘心的部位要准确，长势弱时应多留几片叶摘心，以促进营养体生长，结果蔓一般只留 $1\sim2$ 片叶即可摘心；不带雌花的无用蔓要彻底摘除，以免徒长影响坐瓜。后期摘心要狠，尤其是在营养生长过旺的情况下必须采取重摘心，以抑制长势。

一般来说，温室种植甜瓜要进行人工授粉。甜瓜人工授粉的最佳时间应在雌花开放后的 2 小时，即上午 $9\sim10$ 点授粉的效果最好。中午以后，未授粉的雌花柱头分泌黏液，这样的雌花就已经丧失了受精能力，只有干枯脱落。当然，昆虫也能作为传媒完成自然授粉过程。

授粉的甜瓜坐瓜以后，应根据品种特性和树体大小进行疏花疏果，一般以每株保留 $30\sim50$ 个瓜为宜。

七、病虫害防治

1. 蚜虫

瓜蚜就是棉蚜。俗称腻虫，属于同翅蚜科。

（1）危害：成蚜和若蚜群集在叶片背面、嫩茎吸取汁液，分泌蜜露，使叶片卷缩，瓜苗生长停滞，在叶面及果面形成黑色霉状物，严重时叶片干枯，植株死亡，并传播病毒病。

（2）形态特征：无翅胎生雌蚜，夏季多为黄绿色，春秋两季深绿或蓝黑色，体表常有蜡粉，腹管黑色、圆筒形。有翅胎生雌蚜腹部背面两侧有黑斑。卵椭圆形，初产时橙黄色，后变为漆黑色有光泽。若蚜体小，共 5 龄。

（3）生活习性：瓜蚜一年发生 $20\sim30$ 代。以卵在花椒、石榴、木槿及夏枯草基部越冬。第二年 2～3 月份连续 5 天平均温度达到 6℃时，越冬卵开始孵化，在越冬植物上繁殖几代之后，产生有翅蚜，飞入棚内繁殖为害，秋末冬初天气转冷，又产生有翅蚜迁回到越冬寄主上，产生两性蚜交尾产卵过冬。瓜蚜发育快，繁殖力强，春秋季 10 余天完成 1 代，夏季 4～5 天完成 1 代。繁殖的适宜温度为 16～22℃，夏季高温多雨，其数量明显下降，为害减轻。

（4）防治方法：①清除棚四周杂草，消灭虫源；②药剂防治病毒病；③安全无公害的方法是使用稀释后的蔬菜洗涤剂。

2. 黄足黄守瓜

俗称黄萤、黄虫等。

（1）危害：成虫取食瓜叶时常咬成弧形或环状伤痕，边缘发黑，并在叶片上留下黑色细粪粒，以后被害组织干枯脱落而成大孔，受害重的成为网状，仅见叶脉。幼虫咬食瓜根后，植株首先表现为叶片失水下垂，但不失绿，早、晚可恢复正常，几天后整株萎蔫、干瘪，果实变软，不能成熟，失去食用价值，检查根茎部，无褐色病变，根部呈纤维状，内部组织被蛀空，在根系内及其附近的土中可见白色幼虫。

（2）形态特征：黄足黄守瓜成虫黄色，长椭圆形，仅中、后胸及腹部的腹面为黑色；卵黄色，圆形，表面有多角形网纹；幼虫头部黄褐色，体黄白色；蛹黄色，为裸蛹。

（3）生活习性：黄足黄守瓜在本地一年发生一代。11 月下旬以成虫在草堆、土块、瓦砾等处越冬，1 月上旬棚内土温达 8～10℃时，即可见成虫出来取食；成虫交配、产卵都在白天，在气温 20℃、相对湿度 75% 即可产卵，25℃产卵最多，湿度大产卵多，空气干燥产卵少甚至不产卵，卵散产或成堆，卵关瓜根附近潮湿表土内或瓜下土中，一次产卵约 30 粒，卵历期 10～14 天。

（4）发生特点：①保护地栽培幼虫危害重于成虫。早春棚内定植后，黄足黄守瓜受虫源影响，活动量少，叶片受害轻；到4月下旬，大棚进行大通风时，成虫活动数量增加，此时叶片茂盛，食源丰富，再加上棚内湿度高，有利成虫产卵。由于棚内地膜全畦覆盖，成虫产卵都集中在根系周围外露土中，为孵化后幼虫咬食瓜根提供了有利条件；②大棚迟熟栽培受害重于早熟栽培。4月下旬黄守瓜成虫开始大量飞入棚内活动，早熟栽培果实已接近成熟，幼虫大量危害时已近采收尾声，对厚皮甜瓜产量影响不大，而迟熟栽培开花结果期在4月下旬，果实接近成熟时，正值幼虫活动高峰，损失较大。

（5）防治技术：①清洁田园。冬季清除瓜棚及周围杂草，深翻土地，破坏其越冬场所。覆棚膜后，于定植前喷撒一次杀虫剂，消灭越冬成虫。早春零星发生时，可人工捕捉；②根际撒药。针对成虫产卵喜湿怕燥特点，在瓜根周围土中撒放石灰、锯末或砻糠灰，以阻止成虫产卵；③及时用药。4月下旬成虫开始活动时，要及时使用化学药剂灭虫。

第十二章 西瓜树式栽培技术与管理

第一节 西 瓜

西瓜为葫芦科、西瓜属一年生蔓性草本植物。果瓤脆嫩，味甜多汁，含有丰富的矿物盐和多种维生素，是夏季主要的消暑果品。西瓜清热解暑，对治疗肾炎、糖尿病及膀胱炎等疾病有辅助疗效。果皮可腌渍、制蜜饯、果酱和饲料。种子含油量达50%，可榨油、炒食或做糕点配料。

我国是世界上最大的西瓜产地，但西瓜并非源于中国。西瓜的原生地在非洲，它原是葫芦科的野生植物，后经人工培植成为食用西瓜。早在4000年前，埃及人就种植西瓜，后来逐渐北移，最初由地中海沿岸传至北欧，而后南下进入中东、印度等地，公元四五世纪时，由西域传入我国，所以称之为"西瓜"。据明代科学家徐光启《农政全书》记载："西瓜，种出西域，故之名"。目前除少数边远寒冷地区外，国内各地均有种植。

西瓜以用途不同，可分为三类：普通西瓜、瓜子瓜、小西瓜。

西瓜主根发达，主根深1m以上，根群主要分布在20至30cm的耕层内，根纤细易断，再生力弱，不耐移植。幼苗茎直立，4～5节后间伸长，5～6叶后匍匐生长，分枝性强，可形成3～4级侧枝。叶互生，有深裂、浅裂和全缘。雌雄异花同株，主茎第3～5节现雄花，5～7节有雌花，开花盛期可出现少数两性花。花冠黄色。子房下位，侧膜胎座。雌雄花均具蜜腺，虫媒花，花清晨开放下午闭合。果实有圆形、卵形、椭圆形、圆筒形等。果面平滑或具棱沟，表皮绿白、绿、深绿、墨绿、黑色，间有细网纹或条带。果肉乳白、淡黄、深黄、淡红、大红等色。肉质分紧肉和沙瓤。种子扁平、卵圆或长卵圆形，平滑或具裂纹。种皮白、浅褐、褐、黑或棕色，单色或杂色。种子千粒重：大籽类型 100～150g、中籽类型 40～60g、小籽类型 20～25g。子瓜类型 150～200g。

西瓜喜高温干燥气候。生长适宜温度 25～30℃，6～10℃时易受寒害。月平均气温在 19℃ 以上的月份全年多于 3 个月的地区才可行露地栽培。属长日照植物，喜强光；光饱和点为 8 万 lx。适宜干热气候，耐旱力强，要求排水良好、土层深厚的砂质壤土。土壤 pH5～7 为宜。

第二节　西瓜树式栽培技术管理

一、品种选择

西瓜的品种按生长期的长短为早熟、中熟和晚熟品种；以其果形的大小可分为大果型和小果型品种；以果皮的颜色分为黑皮、绿皮网纹和条纹、黄皮；以果实的形状分为圆球形、高圆形、短椭圆形等品种；以瓜瓤的色泽分为红瓤、黄瓤等品种。无土栽培西瓜树主要是种植单瓜重量约为 2～3kg 的中小型品种。一般可选用早熟的品种，如黄皮红瓤的台湾"宝冠"、绿皮（花皮）黄肉的"新金兰"以及墨绿色皮红瓤的"黑美人"等。

二、播种育苗

西瓜树种植一般采用嫁接苗进行。以葫芦作砧木，采用插接法和劈接法时，则以第一片真叶开展期为宜。砧木在嫁接前 12～14 天播种，接穗在嫁接前 6～7 天播种；采用靠插接法时可先播接穗，即接穗在嫁接前 12 ~ 15 天播种，砧木在嫁接前8 ~ 10 天播种。南瓜作砧木，采用插接法和劈接法以显真叶为宜，砧木在嫁接前 7 ~ 10 天播种，接穗在嫁接前 6 ~ 7 天播种，也可同期播种；采用靠接法则以子叶期为宜，接穗在嫁接前12 ~ 15 天播种，砧木在嫁接前 6 ~ 8 天播种。

搞好嫁接西瓜苗的管理是确保嫁接苗成活的关键。为了促进嫁接苗口的早日愈合，嫁接后应立即在棚（室）内扣一个2m 宽的小拱棚，在嫁接后 1 ~ 3 天内白天保持小拱棚温度25 ~30℃，夜间 18 ~ 20℃。相对湿度90%以上。并用报纸盖在小拱棚顶部遮光。每天中午前用清水喷雾 2 ~ 3 次。嫁接后 4 ~ 6天白天保持 22 ~ 28℃，夜间 15 ~ 18℃，湿度85% ~ 90%。并在中午喷雾 1 ~ 2 次。中午遮光，早晚去掉遮阴物，中午遮光。嫁接苗长出真叶后，可逐渐揭开小拱棚进行通风，白天保持22 ~ 28℃，夜间 15 ~ 16℃，中午不再遮光。以后逐渐去掉小拱棚进入正常管道，温度白天保持 25℃，夜间 12 ~ 15℃。由于嫁接时造成的伤口处于高温高湿条件下，病菌极易侵入，因此，在嫁接后的第 2 天和第 9 天，应喷75% 百菌清500 倍液进行防病；同时喷洒叶面肥以利于接口的愈合。对砧木萌发的侧芽应及时摘除，采用靠接法嫁接的苗在嫁接后 12 ~ 15 天进行断根。方法是：在接口以下 1cm 处用小刀切断西瓜下胚轴，然后再在刀口下方切一刀，使接穗胚轴之间留有空隙，避免断口处自然愈合。断根后及时淘汰死苗、小苗、病弱苗。以后随着秧苗的生长，应及时行倒坨，加大秧苗的营养积累，防止拥挤造成徒长。秧苗长到三叶一心时，选择发育正常的嫁接苗，换到 30cm × 30cm 的营养钵培养，植株长到 1.5m 时去掉主顶尖，保留发出的所有长势较强侧枝，吊起培养。

三、栽培方式

选择无机基质箱式栽培模式，主要用蛭石、草炭、珍珠岩、陶粒等。具体要求，蛭石粒径要求 3mm 以上；珍珠岩粒径要求 4mm 以上，无杂质。基质配比为蛭石：珍珠岩：草炭 = 2：1：1。每立方米基质中加入 1kg 碳酸钙。

栽培箱的填装：在栽培箱底部装上回液装置，然后往栽培箱里装上 10cm 厚的陶粒，再在陶粒上铺一层无纺布，然后倒入拌好的基质，基质距箱沿 5cm 为好。

网架要求面积 20 到 30m²，离地面高度 2～2.5m 较好。

把选好的苗定植上，嫁接苗不宜定植过深，嫁接口要高出地面 1～2cm。过深使西瓜（接穗）下胚轴部分接触土壤而产生自生根，使嫁接失去意义。如发现有此现象，应将其自生根断掉，并将周围土壤扒离下胚轴，防止再发生自生根。

四、营养与水分管理

西瓜树管理主要是协调营养生长和生殖生长之间的关系。前期主要是以营养生长为主，培养植株足够大光合叶面积，为后期生殖生长也就是结瓜阶段打好基础。

西瓜树式无土栽培营养液的 EC、pH 值是营养液管理的核心。西瓜树营养液的 EC 值在苗期一般控制在 1.8～2.0mS/cm。随着植株的生长，营养液的 EC 值不断加大，西瓜蔓长到 1～2m² 时，EC 值控制在 2.0～2.3mS/cm，当植株长到 10m² 以上时，EC 值应控制在 2.3～2.5mS/cm。西瓜树结果期 EC 值控制在 2.5～2.8mS/cm。营养液的 pH 值在整个生长期应控制在 6.0～6.5。栽培过程中每 2～3 天测定一次营养液的 EC 值和 pH 值。对基质栽培而言，其营养液检测通常采用仪器直接检测、挤压法或排液检测法进行检测。根据各生育期西瓜对 EC 值的要求及时补充养分或水分。

五、植株调整与授粉

西瓜树枝条整理较随便，常采用自然整枝法和强制整枝法。

自然整枝法就是在去除所有雄花雌花的基础上任随植株生长，保留所有侧枝，并用细绳均匀吊起，当植株主枝在网架上长到 2 ~ 3m 时去除顶尖，让其侧枝充分生长，其他侧枝当长到网架以上 2 ~ 3m 时，在枝条分布均匀的情况下，采用同样处理方式，西瓜树西瓜都是以侧枝结瓜为主。

强制整枝法就是在植株长到 5 片真叶时去掉顶尖，让植株强制分权，一般保留 4 ~ 5 个侧枝，垂直吊起，网架以下 40 ~ 50cm，每个侧枝可再保留 2 ~ 3 个侧枝，其他管理同自然整枝法。

西瓜树一般采用人工授粉，根据植株长势和叶面积合理确定留瓜数。

六、环境控制

1. 温度

西瓜种子发芽的最低温度在 15℃，适宜温度为 25 ~ 30℃，适宜生长的月平均温度为 25℃。生长温度为 15 ~ 32℃，在这一温度范围内，随着温度的升高，生长加速，花数增多，雌花比率增加。当气温降至 15℃ 以下时，植株生长缓慢，10℃ 生长停顿，5℃ 即遭冷害。

西瓜营养生长期的低限温度为 10℃，坐瓜和果实发育的低限温度为 18℃。在低温条件下，坐瓜困难，坐果后子房发育缓慢，易形成畸形瓜，果皮变厚，多空心、多纤维，糖分降低。适宜根系生长的温度为 28 ~ 32℃，低限温度为 10℃。

西瓜根系的生长适温为 18 ~ 23℃，如果营养液温度长期高于 28℃，或低于 13℃，均对根系生长不利。通常我们是在离基质上层 40cm 的地方铺上 200W 的地热线，用控温仪控制到 21℃，保证根温稳定。

2. 光照

西瓜属喜光作物。在整个生育期中，光照充足，植株生长健壮、茎蔓粗壮、叶片肥大、组织结构紧密、节间短、花芽分化早、坐瓜率高；光照不足，将削弱植株长势，并影响植株发育进程，开花结实期推迟，产量下降，品质变劣，冬季栽培必须考虑安装补光灯。

西瓜为短日照作物。在光照 8 小时内和适温 27℃ 下雌花数增多。若在长日照 16 小时、高温 32℃ 下，则抑制雌花的发生。它对光强的最低要求为 4000lx。

3. 湿度

在西瓜开花期间，空气相对湿度为 50% ~ 60% 时，有利于授粉受精。在其他生育期间，湿度过大，易诱发多种病害，因此，西瓜育苗和棚膜覆盖栽培，应注意通风散湿。

4. 二氧化碳

二氧化碳是西瓜进行光合作用，制造营养物质的重要原料，也是决定产量及品质的重要因素。温室内进行无土栽培，如不施有机肥，二氧化碳含量低，会成为西瓜生产的重要限制因子。据实验，温室补充二氧化碳，对促进西瓜坐瓜和果实膨大，有明显作用。

七、采收

西瓜树属于一次性种植的蔬菜树，所以授粉的西瓜一般时间间隔不超过 7 天，当授粉的西瓜成熟以后，植株也进入衰败期，所以西瓜树采收采用一次性采收。

八、病虫害

对于西瓜树式栽培，主要病害有枯萎病、炭疽病、白粉病等，主要虫害有蚜虫、红蜘蛛、种蝇、守瓜等，应当针对性地做好上述病虫害的防治工作。

第十三章 冬瓜树式栽培技术与管理

第一节 冬 瓜

葫芦科冬瓜属一年生草本植物。根系强大，分枝力强；叶大，掌状。花单性，雌雄同株。第一雌花，早熟种着生于主蔓 6 ~7 节叶腋间，晚熟种在 12 ~15 节间，果甚大，有扁圆形、圆筒形或长圆筒形，单果重：小型种2.5 ~5kg，大型种15 ~20kg，最大者达30kg以上。果皮淡绿或深绿，表面密被白粉，亦有无白粉者，皮坚硬。种子黄白色，有棱或无棱。一般有棱种子粒大，果实虽大而果肉较薄，微带酸味；无棱种子粒小，果肉较厚，微带甜味。瓜形状如枕，又叫枕瓜。冬瓜生产于夏季，由于瓜熟之际，其表面上有一层白粉状的东西，就好像是冬天所结的白霜，因此称为冬瓜，又称白瓜。

冬瓜原产我国南部和印度一带。适应性强，栽培容易，高产稳产，耐贮运，供应期长。嫩瓜和成熟瓜均可供食外，还可腌渍成蜜饯，或脱水制干等用。种子和果皮可作药用，有消暑解热功能，特别是夏秋季节，食之能利尿止渴，为南方各城乡夏秋淡季蔬菜供应最多的瓜菜。

冬瓜性喜温暖，耐热耐湿，对干旱有一定忍耐力，气温至35℃以上仍能生长良好，生育适温为 18 ~32℃。对低温极敏感，5℃以下会冻死。属短日照植物，但多数品种对日照反应不敏感。冬瓜根系发达，茎叶繁茂，蒸发量大，需水量多，特别是在着果后，要求水肥充足。对土壤适应性广，砂壤土到黏土均可栽培。最宜排水好、土层厚的砂壤上，在这样的土壤里，根系发育良好，结果早，但生长期短；在黏性土上，瓜肉厚，味浓，产量较高。

冬瓜按果实大小可分为小型果和大型果两类。按果型分为圆冬瓜、扁冬瓜和枕头瓜三类，此外按皮色又分为粉皮或青皮冬瓜。小型冬瓜雄花出现早，初花的节位低，以后连续发生雌花，每株结瓜多（4~8个），瓜形小，单果重1.5~2.5kg，大者约5kg，瓜扁圆形、圆形或高圆形。适于早熟栽培，采食嫩瓜。播种至初收约110~130天。如四川成都五叶子、杭州圆冬瓜（灯笼冬瓜）、绍兴小冬瓜、安徽早冬瓜、苏州雪里青、北京一串铃冬瓜、南京一窝蜂。大型冬瓜雌花出现晚，着生稀。中、晚熟种，瓜大，单果重7.5~15kg，大者25~30kg，高产，肉质厚，果呈长圆筒形，短圆筒形或扁圆形，果皮青绿色，被白蜡粉或无白粉。自播种至初收约140~150天，以采食老熟瓜为主，耐贮运。品种有广东青皮冬瓜、江门灰皮冬瓜、长沙粉皮冬瓜、株洲龙泉青皮冬瓜、武汉粉皮枕头冬瓜、广西玉林大石片、云南三棱子冬瓜、玉溪冬瓜、重庆米冬瓜、成都爬地冬瓜、粉皮冬瓜、江西扬子洲冬瓜、昆明太子冬瓜。

冬瓜品种较多，以广东黑皮冬瓜为例，该品种植株生长势强，主蔓18~20节着生第一雌花，以后每隔4~5节着生1雌花。瓜长圆柱形，长55~60cm，横径25cm，肉厚6~7cm，白色，单瓜重15~20kg，最大单瓜重可达25kg以上。瓜皮墨绿色，肉质致密，品质优良，耐贮运，亩产5000kg以上。

第二节　冬瓜树式栽培技术管理

一、品种选择

种植冬瓜应选择排水方便，土层深厚、肥沃的沙壤土或黏壤土，前作为三年以上未种瓜类作物的田块，而前作为水稻更佳。

二、播种育苗

（1）培育无病壮苗必须对种子进行消毒催芽处理：用50%多菌灵500倍液浸种1小时，然后用清水洗净，再用50℃温水浸种3小时，经清水洗净无异味后用干净纱布或薄毛巾包好，置于30℃下催芽，待种子露芽3~5mm即可播种。

（2）培育无病壮苗多采用营养杯（袋）保温育苗：采用口径10cm×10cm以上的营养杯（袋），点种后在小拱棚或大棚中保温育苗。

育苗期间除保持苗床湿润外，还可喷洒普力克水剂和阿维菌素预防猝倒病和斑潜病虫害，棚内温度超过30℃时应及时通风降温。秋植冬瓜多采用浸种催芽后直播大田。

三、栽培方式

冬瓜树式栽培方式与西瓜树相同，选择无机基质箱式栽培模式，主要用蛭石、草炭、珍珠岩、陶粒等。具体要求，蛭石粒径要求3mm以上；珍珠岩粒径要求4mm以上，无杂质。基质配比为蛭石：珍珠岩：草炭 = 2:1:1。每立方米基质中加入1kg碳酸钙。

栽培箱的填装：在栽培箱底部装上回液装置，然后往栽培箱里装上10cm厚的陶粒，再在陶粒上铺一层无纺布，然后倒入拌好的基质，基质距箱沿5cm为好。

网架要求面积20到30m²，离地面高度2~2.5m较好。

四、营养与水分管理

冬瓜树式栽培生长期长，产量高，需肥水量较大。幼苗期以前需要肥水很少，抽蔓期也不多，而在开花结果特别在结果以后需要充足的肥水。肥料数量需求上，引蔓上架前占用肥总量的 30% ~ 40%，授粉至吊瓜占 60% ~ 70%，采收前 20 天应停止施肥。一般幼苗期薄水薄肥促苗生长，抽蔓至坐果肥水不宜多，要适当控制，以利坐果。此时营养液的 EC 控制在 1.8 ~ 2.0mS/cm。

留瓜后肥水要充足，以促进果实膨大，结瓜期营养液的 EC 控制在 2.2 ~ 2.5mS/cm。整个生长期，营养液 pH 值控制在 6.5 ~ 7.0 之间。

五、植株调整

1. 搭架、整蔓、留瓜

搭架、整蔓是冬瓜栽培的一个重要环节。瓜蔓长至 1.5m 时即可引蔓上架，并在坐果前后均摘除全部侧蔓，留瓜后主蔓保持 10 ~ 12 片叶打顶。冬瓜留瓜节位与果实大小有一定关系，留瓜节位应在 23 ~ 25 节之间，其中以 25 ~ 30 节位的瓜最大。为了提早上市，也可在 19 ~ 20 节留瓜，但产量较低。为提高坐果率，减少"空藤"，有必要进行人工辅助授粉，及时防治影响坐果的瓜实蝇（针蜂）和蓟马。

2. 适时采收

冬瓜以老瓜耐贮运，食味佳。一般栽培在坐果后 45 天左右，瓜皮发亮墨绿色，而植株大部分叶片保持青绿而未枯黄，选择晴天的上午采收。冬瓜树式栽培可根据植株生长情况和观赏期适当延迟并陆续采收。

六、环境控制

冬瓜喜温、耐热，为获得良好的树式栽培效果，应控制好冬瓜坐果和果实发育期的适宜设施环境。天气晴朗，气温较高，湿度较大等条件有利于坐果；空气干燥，气温低和阴雨天，昆虫活动少，不利于授粉；且降低柱头的受粉能力，因而坐果差。

冬瓜生长强健，适应性强。种子发芽后适温在 30℃ 左右，苗期生育适温在 25～30℃ 之间，开花结果期适温在 24～27℃ 之间，温度低于 20℃ 时生育转为衰慢，遇霜则死。苗期低温短日感应能促进雌花的花芽分化，而有的品种在长日照、高温期不结果。在高温期间，根、茎、叶、果实都易患疫病及白绢病等枯死或腐烂。土壤适宜 pH 值在 5.5～6.4 之间。

七、病虫害管理

为害冬瓜的常见病虫包括：

1. 枯萎病

冬瓜的枯萎病为毁灭性的土传病害，其病原菌可在土壤及未腐熟的有机基中存活 5～7 年，种子也可带菌，防治枯萎病应采用综合治理措施：

（1）种植抗病品种，如黑皮冬瓜。

（2）种子消毒：将种子浸水，待吸收水分后（不要出芽）沥干，取 2.5% 适乐时悬浮剂 1 包（10mL）加水 150～200mL，将种子和药液倒入容器中充分混匀（1 包适乐时可拌种 5～10kg），再行催芽。经适乐时处理的种子出苗齐整、苗壮，还可兼治苗期的其他病害。

（3）育苗营养钵土或苗床土应采用新泥或塘泥，若取自本田，则要进行土壤消毒：每 50kg 土用农用福尔马林 100～150g 加水 25kg，淋湿拌匀后用塑料薄膜覆盖密封 5～7 天，之后揭膜，扒平翻晒 7～14 天，让残留的福尔马林充分挥发后再行播种；药土撒施法：按每担土拌 500g 药（50% 福美双可湿性粉剂或 50% 多菌灵可湿性粉剂）制成药土；用 50% 多菌灵可湿性粉剂，或 75% 敌克松原粉、64% 杀毒矾可湿性粉剂 500 倍液喷洒床土，$1m^2$ 床土用药量 25～30g。

（4）选择地势较高、排灌良好的地块高畦深沟种植。

（5）定植前 2 天用 2.5% 适乐时悬浮剂 2000 倍液淋营养体土，定植时再用同样浓度的适乐时药液作定根水，每株 250g 药液，以后每 10～15 天淋 1 次，连续 2～3 次，也可与 50% 多菌灵可湿性粉剂 500 倍液、75% 敌克松原粉 500～800 倍液交替使用。

（6）清洁田园：及时拔除病株，带离田间烧毁。收藤后将瓜藤集中堆沤处理或集中烧毁，以减少田间病原菌。

2. 冬瓜疫病

发病特征：该病主要危害冬瓜果实。染病果实患病部呈水渍状病变，发病与健康部位交界处出现一圈白色霉层。剖开病果，可以看见患病部位皮下果肉亦呈褐色病变，严重时导致果实倒囊腐烂。

发病规律：病菌以菌丝体和卵孢子随病残体遗落在土壤中存活越冬，依靠雨水传播侵染致病，温暖多湿的天气有利于发病，连作低湿也易发病。

防治方法：

（1）选育和换种抗病品种。

（2）出苗后和果实膨大期，定期或不定期喷药预防控病。

（3）用 70% 康博 600 倍液或 70% 乙膦铝锰锌 400 倍液喷雾。

3. 冬瓜炭腐病

（1）发病特征：主要危害果实。染病果实出现大块紫黑色至黑褐色斑，圆形至不定形，严重时患部危及果实大部分，变软变皱，仔细观察斑面密生针头大小黑粒，皮下果肉亦变褐腐烂，失水后外观似黑炭，故名炭腐。本病在采后贮藏期可继续发生危害。

（2）发病规律：病菌以菌丝体和无性子实体分孢器随病残体在土壤中存活越冬，以内生的分生孢子作为初侵与再侵接种体，借助雨水溅射而传播侵染致病。温暖潮湿天气或植地环境有利于发病，连作地和低湿地易诱发病。

防治方法：

1）选用抗耐病品种。

2）防治好疫病、炭疽病和白粉病等病害，基本可兼治本病，无需单独防治。

3）贮藏期做好贮前窖库的清洁消毒，注意调控温湿，可减轻贮藏期本病的发生。

虫害主要是蚜虫。后期高温干旱，易发生红蜘蛛，可用石灰硫黄合剂溶液喷雾。

第十四章　蛇瓜树式栽培技术与管理

第一节　蛇　瓜

蛇瓜，别名蛇豆、蛇丝瓜、大豆角等，葫芦科栝楼属中的一年生攀缘性草本植物，原产印度、马来西亚，广泛分布于东南亚各国和澳大利亚，在西非、美洲热带和加勒比海等地也有栽培，广泛分布于印度及东南亚，印度栽培已有 2000 年历史，我国只有零星栽培，近年来山东省青岛地区种植较多。蛇瓜以嫩果实为蔬，但嫩叶和嫩茎也可食。嫩瓜含丰富的碳水化合物、维生素和矿物质，肉质松软，有一种轻微的臭味，但是煮熟以后则变为香味，微甘甜。蛇瓜性凉，入肺、胃、大肠经，能清热化痰，润肺滑肠，蛇瓜的嫩果和嫩茎叶可炒食、作汤，别具风味。蛇瓜少有病虫为害，可成为无公害蔬菜，具有一定的市场潜力。没有尝食过的人会觉其有一股腥味，不敢购买，但一经尝食后就会认可，所以需要进行宣传。

蛇瓜观赏兼食用，一举两得。生性强健，喜欢高温多湿的环境，生育适温 25~30℃，忌低温霜害。蛇瓜品种类型依果体分为短果型、长果型。依皮色分为灰白色系、绿色系、青黑色系等。形态：茎蔓纤细，茎横切面五角形，叶密生绒毛，掌状 3~7 裂，同株雌雄异花，花瓣白色，5 裂或 6 裂，雌花之花托肥大，酷似一条扭曲的小蛇瓜，果实两端渐尖细，长 30~160cm。蛇瓜的根系发达，侧根多，易生不定根，茎蔓细长，长可达 5~8m，茎五棱、绿色，分枝能力强，叶片绿色，掌状深裂，裂口较圆，叶面有细绒毛，花冠白色，花单性，雌雄同样异化，雄花多为总状花序，蕾期为青绿色，将开时浅黄绿色，雄花的发生早于雌花，一般雌花于主蔓 20～25 节处开始着生，以后主蔓、侧蔓均能连续着生雌花。嫩瓜细长，瓜身圆筒形或弯曲，瓜先端及基部渐细瘦，形似蛇，瓜皮灰白色，上有多条绿色的条纹，肉白色，质松软，成熟瓜浅红褐色，肉质疏松。种子近长方形，上有两条平行小沟，表面粗糙，浅褐色，千粒重 200～250g。

第二节　蛇瓜树式栽培技术管理

一、品种选择

用于培育蛇瓜树的品种，应选择生长势强盛、抗逆性强、连续开花、坐果性能好、果实外观漂亮、成熟后观赏和保存期长、瓜形细长的栽培品种。

二、播种育苗

1. 种子处理

蛇瓜的种皮厚，播种前应将种子晾晒 1～2 天，然后用 55℃的热水烫种 3 分钟，烫种时要不断搅拌，至水温下降后换清水浸种 2～3 天，其间要擦洗去种皮上的黏质物，并换清洁水再浸种，待种子略软时用纱布包裹保湿，置于 30℃恒温箱或暖炕边催芽后播种。

2. 基质育苗

基质装钵后码好浇透水，每钵平放 1 粒已萌芽的种子，盖基质 1cm 厚。苗床覆盖塑料膜保温保湿，出苗前温度最好能保持在 25～30℃，出苗后看气温情况揭去薄膜，温度白天 25～30℃，夜间 16～18℃。出苗后如气温仍低，应换透光性好的新膜，白天温度达到要求时，揭去薄膜见光，或揭两头通风，夜间气温低时要盖上。有两片真叶后可去掉覆盖物。幼苗3叶1心时可定植。

三、栽培方式

栽培方式与其他瓜类树式栽培类似，选择营养液无机基质箱式栽培模式，主要用蛭石、草炭、珍珠岩、陶粒等。具体要求，蛭石粒径要求 3mm 以上；珍珠岩粒径要求 4mm 以上，无杂质，白色；草炭要求中层草炭，基质配比：蛭石：珍珠岩：草炭 = 2:1:1，每立方米基质中加入 1kg 碳酸钙。

栽培箱的填装：在栽培箱底部装上回液装置，然后往栽培箱里装上 10cm 厚的陶粒，再在陶粒上铺一层无纺布，然后倒入拌好的基质，基质距箱沿 5cm 为好。

四、营养与水分管理

蛇瓜树式栽培管理主要也是协调营养生长和生殖生长之间的关系。前期主要是以营养生长为主，培养植株足够大光合叶面积，为后期生殖生长也就是结瓜阶段打好基础。

蛇瓜树式无土栽培营养液的 EC、pH 值是营养液管理的核心。营养液的 EC 值在苗期一般控制在 1.8～2.0mS/cm。随着植株的生长，营养液的 EC 值不断加大，蛇瓜茎蔓长到 1～2 平方米时，EC 值控制在 2.0～2.3mS/cm，当植株长至 $10m^2$ 以上时，EC 值应控制在 2.3～2.5mS/cm。蛇瓜树结果期 EC 值控制在 2.5～2.8mS/cm。营养液的 pH 值在整个生长期应控制在 6.0～6.5。栽培过程中每 2～3 天测定一次营养液的 EC 值和 pH 值。根据各生育期蛇瓜对 EC 值的要求及时补充养分或水分。

五、搭架与植株调整

1. 搭架引蔓

蛇瓜若采用爬地种植，瓜形弯曲率高，不方便采收，要高产优质需搭架栽种。在植株开始抽蔓生长时及时搭架。网架要求面积 20～30m²，离地面高度 2～2.5m 较好。种植时要注意进行人工授粉以提高坐果率。搭架引蔓前把主蔓 1m 以下长出的侧蔓摘去，然后引蔓上架。主蔓不摘心，侧蔓可根据长势决定保留与否。绑蔓时要注意将蔓叶理均匀，使瓜自然下垂。植株所有分枝上架后，分枝的生长和分布就要根据蛇瓜树体的叶片大小和叶片节位的稀密程度来确定分枝的去留，一般要求分枝分布呈放射状向四周均匀爬延伸展，叶片重叠的比例不能太高。

2. 植株调整

蛇瓜树枝条整理方法可参考西瓜树，采用自然整枝法和强制整枝法均可。

自然整枝法就是在去除所有雄花雌花的基础上任随植株生长，保留所有侧枝，并用细绳均匀吊起，当植株主枝在网架上长到 2～3m 时去除顶尖，让其侧枝充分生长，其他侧枝当长到网架以上 2～3m 时，在枝条分布均匀的情况下，采用同样处理方式。

强制整枝法就是在植株长到 5 片真叶时去掉顶尖，让植株强制分杈，一般保留 4～5 个侧枝，垂直吊起，网架以下 40～50cm，每个侧枝可再保留 2～3 个侧枝，其他管理同自然整枝法。

六、环境控制

1. 温度

种子发芽适温 30℃ 左右，植株生长适温 20～35℃，高于

35℃也能正常开花结果，但低于 20℃生长缓慢，15℃时停止生长。蛇瓜喜温耐热不耐寒。

2. 水分

蛇瓜喜湿润的环境，但由于根系发达也较耐旱。在水分供给充足、空气湿度高的环境中结瓜多，果实发育良好。

3. 光照

蛇瓜喜光，结瓜期要求较强的光照，花期如阴雨天多、低温会造成落花和化瓜。

4. 土壤

喜肥耐肥也较耐贫瘠，对土壤适应性广，各种土壤均可栽培，但在贫瘠地种植及盆栽营养不足时，结瓜小、产量低。要获得优质高产，必须保证充足的营养液肥和水分。

七、采收

1. 采收

以采收嫩瓜为主，一般定植后 30 天开始采收，从开花至商品成熟约 10 天左右，此时瓜果表皮显奶白的浅绿色，有光泽，若采收过迟影响品质及继续坐果。盛收期 1 ~ 2 天采收 1次。树式栽培种植的单株产量大增，每株可结瓜 200 多条。

2. 留种

蛇瓜一般雌花开放授粉后 30 天以上种子成熟，种果下端开始转橙红色时即可摘下，后熟 1 ~ 2 天，把种子掏出清洗晾干备用。

八、病虫害防治

蛇瓜很少受病虫害危害，偶尔有潜叶蝇或蚜虫发生时，应在病虫初发期或产卵期喷药防治，喷药应与采收期错开。

第十五章 佛手瓜树式栽培技术

第一节 佛 手 瓜

佛手瓜（*Sechium edule*）别名梨瓜、洋丝瓜、拳头瓜、合掌瓜、福寿瓜、隼人瓜、菜肴梨等，属葫芦科、梨瓜属多年生攀缘性宿根草本植物。原产于墨西哥和中美洲，19 世纪传入中国。广泛分布于热带各地，现在栽培区域渐向北移，温带温暖地区亦有栽培。我国南方的浙江、广东、福建、云南、贵州等省早有栽培，近几年来，长江中下游地区的栽培逐渐发展。

佛手瓜的根为弦线状须根，侧根粗长，第 2 年后可形成肥大块根。佛手瓜在适宜的设施条件下，因有肥大的肉质宿根，可进行多年栽培。茎为蔓性，长 10m 以上，分枝性强，节上着生叶片和卷须，因此具有良好的树式栽培潜力。叶互生，叶片与卷须对生，叶片呈掌状五角形，叶全缘、绿色或深绿色。雌雄同株异花，异花传粉，虫媒花。果实梨形，有明显的纵沟 5 条，瓜顶有一条缝合线，由此得名"佛手瓜"。果色为绿色至乳白色，单瓜重 250~500g，果肉白色。种子扁平，纺锤形，无休眠期。其果实、嫩茎叶、卷须、地下块根均可做菜肴，是名副其实的无公害蔬菜。庞大茎蔓可作饲料；瓜蔓可作为强纤维的来源，用来加工绳。果实含锌较高，可促进儿童的智力发育，缓解老年人视力衰退等。生长 20 天的嫩瓜含钙比黄瓜、冬瓜和西葫芦高 2 倍多，含铁是南瓜的 4 倍、黄瓜的 12 倍，以白色或奶油色品种品质最佳。佛手瓜的食用方法很多，鲜瓜可切片、切丝，作荤炒、素炒、凉拌，做汤、涮火锅、优质饺子馅等。还可加工成腌制品或做罐头。在国外，佛手瓜以蒸制、烘烤、油炸、嫩煎等方法食用。除果实外，根茎也可以食用，方法和风味与土豆相似，含维生素 A、维生素 C 较多。嫩叶和新梢也可作为蔬菜食用。佛手瓜食用时最好选择幼果以果肩部位光泽及果皮表面纵沟较浅者，果皮鲜绿色、细嫩、未硬化为佳。佛手瓜的上市期为秋末，很耐贮藏，常温下可由10 月一直放到翌年 3 月到 4 月，风味基本不变。

佛手瓜果型优美，适合庭园种植，可供观赏和遮阴绿化。

第二节　佛手瓜树式栽培技术管理

一、品种选择

佛手瓜根据果实的颜色分为白色品种和绿色品种两种，另外，还有白绿色的杂交品种。

1．绿皮种

生长势强，茎粗蔓长，结瓜多。瓜皮深绿色，瓜形较长也大，果面有刚刺或无，单瓜重 0.5kg 左右。丰产性好，但果实风味清淡些，是目前的主要栽培品种。

2．白皮种

生长势弱，茎细蔓短，结瓜少。瓜皮白绿色，瓜形较圆也小，表面光滑无刺，肉质致密，腥味淡，味较佳，产量较低，供生吃。

3．杂交种佛手瓜

生长势很强，茎蔓茂盛，茎粗蔓长，吸肥力强，长势旺，具有抗逆性强、耐干旱、耐高温的特点。分枝特多，果形长又大，单瓜重 400～600g，最大的有 650～700g，果皮白绿色，果肉白色，瓜肉脆嫩，品质优，丰产性好，产量高。一般单株产瓜 400 ~ 700 个，单株产 150 ~ 300kg，每公顷单产可达 45000 ~ 90000kg，比绿皮、白皮增产 30% ~ 50%，有较高的增产潜力。

对于佛手瓜树式栽培而言，应选择生长势强、长蔓和果实观赏性强的栽培品种。

二、播种育苗

佛手瓜在保护地条件下，因有肥大的肉质宿根，可多年栽培。在常规生产中，佛手瓜种植利用冬暖大棚保护地与越冬茬蔬菜套作，既能确保当年坐的瓜果能全部成熟，根茎能安全越冬，还能于来年春季再收一季瓜果，且不会对套作的越冬茬蔬菜的管理和生长造成不利。因此，多年生佛手瓜一般 11 月中旬播种，2 月中下旬定植于冬暖大棚越冬蔬菜的行间。

佛手瓜树式栽培多利用环境可控性强的连栋温室，或者是配有加温、遮阴、通风装备的日光温室。由于环境相对稳定，可随时播种育苗而不受外界气候限制。但为了利用光热等自然资源，选择春季育苗较好，经夏秋季节生长而迅速成树。

催芽时应选择个头肥大、成熟较好、芽眼微突、无伤痕破损的种瓜，用塑料薄膜包好，放在温度 15 ~ 20℃ 的地方催芽，种瓜萌芽端向上或稍有倾斜。催芽时要保持空气相对湿度在 90% 左右，湿度不足则芽会干枯。同时每 3 ~ 4 天要掀开薄膜通风换气，否则会因薄膜内氧气不足，导致种芽窒息发黄而死。一般经过 20 ~ 25 天，种瓜顶部开裂并陆续长出胚芽和根系时，挑选出生长良好的种瓜。同时准备 30cm × 30cm 的营养钵，并装入适量混合均匀的栽培基质。将种瓜发芽端向上栽入杯内，瓜体四周填满基质，轻轻压实，再上覆基质超过瓜顶 3 ~ 5cm，将营养钵排放在温室内环境相对稳定处，保持温度 20 ~ 25℃。约 20 天可出齐苗。

出齐苗后，保持基质半湿润状态，切忌浇大水，否则水会过多地进入发芽形成的种瓜缝隙中，从而造成种瓜腐烂。育苗过程中，如发现种瓜腐烂，只要幼苗根系尚好，可用手扶住幼苗，将烂瓜轻轻取出，重新覆上基质后，仍可继续生长。

三、栽培方式

佛手瓜树在栽培方式上应选用基质箱式或池式无土栽培，基质选用和栽培箱等系统同其他瓜类相似。

四、环境控制

佛手瓜原产于热带，是半阴性、攀缘性宿根植物，具有喜温、耐热、怕冷、忌霜的特性，年平均温度 20℃ 左右，夏季各月平均气温 25℃ 左右为宜，生长适温为 12～25℃，超过 30℃ 生长受到抑制，极端高温为 40℃，低于 5℃ 会产生寒害；种子发芽最低温度为 12℃，最适温度为 18～25℃，幼期生长为 20～30℃，开花结果适温为 15～20℃，低于 15℃ 或高于 25℃，授粉和果实发育均受不良影响。

佛手瓜属短日照植物，在长日照下不开花结果，适于中等光强，耐阴。要求空气湿润，适于在土质肥沃和保肥保水力强的土壤上生长。

五、栽培管理

定植后为确保佛手瓜高产高效，一般采取以下管理措施。

（1）定植后前三个月为佛手瓜树式栽培的前期：此期佛手瓜以营养生长为主，迅速发育根系和地上部茎叶，瓜秧肥水需求量相对较少，营养液 EC 值控制在 2.0 左右。在管理上以整枝打杈为主，一般每棵留 3～5 条蔓上架，下部其余的侧芽要及早除掉，在支架上部形成庞大的植株体，获得良好的冠幅面积。

其中，搭架工作要先于佛手瓜植株开始甩蔓时，从而可以及时引蔓上架。棚架必须牢固高大，方便游人在佛手瓜树下参观行走。架高 2.0～2.5m，利用铁丝或竹材搭架。佛手瓜侧枝分生能力强，放任生长，会使得棚架上枝叶过于拥挤，影响通风透光和植株生长。因此要及时抹去其他侧芽，防止枝叶密闭。上架后对较长枝蔓还须进行打顶摘心工作，以促进分枝，增加旺盛新枝数和结瓜数，并使瓜蔓在棚架上呈放射状分布。在植株进入旺盛生长时，会出现叶蔓重叠、枯萎和落花落果现象，可摘除大部分雄花及过密枝叶，减少养分消耗，增加通透性，保持植株健壮繁茂。

（2）定植三月后佛手瓜树植株开始开花坐果，进入营养生长和生殖生长并进双旺期：此期注意保持栽培基质湿润，并增加空气湿度。营养液 EC 值可调高到 2.2～2.5 之间。此期要做好植株调整工作，佛手瓜主侧蔓较长，主蔓长可至 10m以上，侧蔓也长数米，且侧蔓多，卷须易相互缠绕。因此，上架后应随时整理枝蔓，使其均匀分布。同时还应及时去除细弱侧蔓和老叶以利通风透光。主蔓和侧蔓基部新生芽也要及时除去，以免造成过多的营养消耗。

（3）适时采收：一般在雌花坐果后 20～25 天即可采收食用，成熟瓜采收过晚会在蔓上发芽，所以要及时采收。若为特定时期展会或观光用栽培，可适当延迟采收，并做好保花保果工作，达到瓜条的持续采收。留种瓜可适当延长时间，直到黄白色时，方可收获。

六、病虫害防治

佛手瓜抗病虫能力强，很少发生病虫害，主要做好蔓枯、霜霉、白粉等病害及白粉虱、红蜘蛛等虫害工作，整个生长过程中用药很少。

第十六章　苦瓜树式栽培技术

第一节　苦　　瓜

　　苦瓜（*Memordica charantia L.*），古名锦荔枝，别名癞葡萄、癞蛤蟆、凉瓜等。属于葫芦科、苦瓜属的一年生攀缘性草本植物。原产于东印度热带地区。日本、东南亚栽培历史悠久，17世纪传入欧洲，仅供观赏，不作食用。我国早有栽培，除供观赏外，还供菜用。广东、广西、福建、台湾、湖南、四川等省栽培较普遍。叶互生，掌状，5~7深裂。花小，单性，雌雄同株，黄色。长不超过2cm。果实纺锤形，有瘤状凸起，成熟时橙黄色，味苦，瓤鲜红色，味甜。苦瓜果实中含有各种营养物质。每百克食用部分含有蛋白质0.9g、脂肪0.2g、糖类3.2g、纤维素1.1g、胡萝卜素0.08mg、维生素B_1 0.07mg、维生素B_2 0.04mg、维生素C 84mg，是瓜类蔬菜中含维生素C最高的一种，在蔬菜中仅次于辣椒。嫩果中糖素含量高，味苦，随着果实成熟，糖贰被分解，苦味变淡，多食用嫩果。肉质脆嫩，苦味适中，清香可口，炒食、煮食、焖食、凉拌、泡菜、饮料均可。在医药上有增进食欲、明目、助消化、清凉解毒、利尿和治疗糖尿病等疗效。

　　苦瓜耐热，病虫害少，易栽培。近年来各大中城市作为增加夏秋淡季蔬菜花色品种来栽培，广东地区苦瓜还出口港澳。苦瓜还作为庭园垂直绿化的观赏植物，夏季开黄色小花，万绿丛中点点黄。果实成熟后呈橘黄色，又添一景。果肉开裂后种子外面有红色厚肉，似蛋黄，非常艳丽。苦瓜不仅是夏季佳蔬，又是一味良药，而且具有良好的观赏性，已日益引起人们的重视，而逐渐扩大栽培区域。

苦瓜根系发达，侧根较多，根群分布范围在 1.3m 以上。茎为蔓性，五棱，浓绿色，有茸毛，分枝力强，易发生侧蔓，侧蔓又发生孙蔓，形成枝叶繁茂的地上部，因此具有良好的树式栽培潜力。苦瓜子叶出土，初生子叶对生，盾形、绿色。真叶互生，掌状深裂，绿色，叶背淡绿色，5 条放射叶脉，叶长 18cm，宽 18～24cm，叶柄长 9～10cm，柄上有沟。花为单性，雌雄异花同株。先发生雄花，后生雌花，单生。果实为浆果，表面有很多瘤状突起，果形有纺锤形、短圆锥形、长圆锥形等。皮色有绿色、绿白色和浓绿色，成熟时为橘黄色，果肉开裂，露出种子，种子盾形、扁、淡黄色，每果含有种子 20～30 粒，千粒重为 150～180g。

常规栽培时，苦瓜整个生育过程需 80～100 天左右，在抽蔓期以前生长缓慢，绝大部分茎蔓在开花结果期形成。各节自下而上发生侧蔓，形成多级茎蔓。随着茎蔓生长，叶数和叶面积不断增加，在单株叶面积中，其开花结果期就占 95%，由此可见，同化器官是在开花结果中后期形成。一般植株在第 4～6 节发生第一雄花；第 8～14 节发生第一雌花，通常间隔 3～6 节发生一个雌花，但在主蔓 50 节之前一般具有 6～7 个雌花者居多。从调整植株营养来看，除去侧蔓，有利于集中养分，提高主蔓的雌花坐果率。

第二节　苦瓜树式栽培技术管理

一、品种选择

苦瓜品种繁多，各品种在果皮颜色、果型、苦味、抗性、熟性等特性上略有差异。当前常规栽培以长白苦瓜最受欢迎。

该品种为中早熟种，常规栽培从定植到采收 80 天左右，生长势极强，耐高温、较耐涝，丰产性强。第一雌花着生于第 20 节左右，分枝多，主蔓、侧蔓、孙蔓均能结瓜。瓜呈圆筒形，长约 60cm，横径约 6cm，果皮绿白色，有明显纵瘤 8 条。果肉白绿色，单瓜重 0.5kg 左右。

苦瓜树式栽培应选用植株长势强，侧蔓多，瓜型观赏价值高，耐贮存的品种。

二、播种育苗

苦瓜的种皮较厚，出芽困难，播前需用 60 ~ 70℃ 温水烫种，并不断搅动。待水温降至 30℃ 以下时，再继续浸泡一昼夜。然后再用千分之一的高锰酸钾溶液浸种 30 分钟消毒，去除种皮外部水分后，置于 30 ~ 35℃ 温度下催芽。待大部分种子露白尖时即可播种。

播时在每个营养钵中间放一粒露芽的种子，覆混合基质 2 ~ 3cm，做好保温管理，播种时温度要比其他瓜类高 2 ~ 3℃。

在播种时间上，可根据产品采收、展会、旅游季节等不同需求适时播种。

三、栽培方式

苦瓜树栽培方式与其他瓜类相似，采用箱式或池式基质无土栽培。利用草炭、蛭石、珍珠岩混合填入栽培箱内，外供营养液进行栽培。

四、环境控制

苦瓜起源于热带地区，性喜温暖，耐热不耐寒，种子发芽适宜温度 30 ~ 35℃，若在 20℃ 以下，发芽就缓慢，13℃ 以下发芽困难。植株生长适温为 20 ~ 30℃，以 25℃ 为最佳。开花结果期适温为 25℃ 左右。在 15 ~ 25℃ 范围内，温度越高，越有利于苦瓜生长发育。25～30℃时，坐果率高，果实发育迅速。多数认为35℃以上和15℃以下的温度不利于苦瓜的生育。苦瓜对日照长短要求不严格，喜光不耐阴，开花结果期需要较强光照，以利于光合作用和坐果率提高。苦瓜喜湿而不耐涝，生长期间85％的空气相对湿度和土壤湿度比较适宜。对土壤适应性广，但以保水保肥好的、肥沃的壤土为宜。

五、植株调整与栽培管理

利用铁丝或竹木材料搭棚架，引苦瓜蔓上架。使茎蔓分布均匀，以利通风透光。为减少养分的消耗，要将茎蔓1m以下的侧枝全部去掉。为保证结瓜期长，生长不衰，要加强水肥管理。苦瓜树式栽培前期，应充分促进其营养生长，通过营养液调整和去除花果等措施抑制其生殖生长，使茎蔓和叶片快速生长，达到30～50m^{2}或更大面积的冠幅。苦瓜树式栽培后期，应注重营养生长与生殖生长并旺。

营养液的EC值在苦瓜苗期一般控制在1.8～2.0mS/cm。随着植株的生长，营养液的EC值不断加大，苦瓜蔓长到1～2m^{2}时，EC值控制在2.0～2.3mS/cm，当植株体冠幅达10m^{2}以上时，EC值应控制在2.3～2.5mS/cm。营养液的pH值在整个生长期应控制在6.0～6.5。栽培过程中每3天测定一次营养液的EC值和pH值。

六、苦瓜收获

苦瓜的成熟度要求不甚严格。但为了保证品质脆嫩，以采收中等成熟瓜为宜。即当瘤状突起膨大，果实顶端开始发亮，花冠开始干枯即可采收。若留种瓜可适时晚收，当种瓜变为橙红色时及时采收，以免自行裂开种子掉出。

若以保持树式栽培观赏性为目的，对苦瓜可推迟收获。不同成熟期的苦瓜颜色不同，观赏性较好。

七、病虫害防治

苦瓜的病虫害较少，主要病害有病毒病、褐斑病、白粉病等。可选用高锰酸钾溶液、70％的甲基托布津可湿性粉剂，或者75％的百菌清可湿性粉剂、50％的多菌灵进行喷施，视病情发生情况，可延长或缩短用药间隔时间。主要虫害有蚜虫、白粉虱等。

第十七章 人参果树式栽培技术

第一节 人参果

人参果（*Herminum monorchis*）属茄科蔬菜、水果兼观赏型草本植物。原产于南美洲安第斯山脉北麓，在热带、亚热带地区为多年小灌木，在我国和日本则作为一年生栽培。植株生长旺盛，根系发达，易生不定根。茎木质化，常规栽培株高60~150cm。每个叶腋中均可发生侧枝。叶互生，椭圆形，叶形类似番茄。叶面覆毛，绿或紫色。总状花序，花冠紫色并带紫色条斑。果为多汁浆果，果肉为淡黄色，果实形状呈椭圆形、卵圆形、心形、陀螺形，成熟的果实呈奶油色或米黄色，有的带有紫色条纹，有淡雅的清香，果肉清爽多汁，风味独特。它具有高蛋白、低糖、低脂外，还富含维生素C，以及多种人体所必需的微量元素，尤其是硒、钙的含量大大地高于其他的果实和蔬菜。因此人参果有抗癌、抗衰老、降血压、降血糖、消炎、补钙、美容等功能；还可加工成果汁、饮料、口服液、罐头等产品，具有很大的开发价值。

人参果在我国曾一度称之为香艳茄、香瓜茄、香艳芒果、金参果、长寿果、紫香茄、甜茄、香瓜梨、香艳梨等。虽其别名甚多，但应视为一物。这可能是因我国刚引进时，各地取名不一所致。从植物分类学讲，应叫茄瓜、香瓜茄或香艳茄比较确切。但因其确有一定的营养保健和祛病益寿的作用，故又称其为人参果。自从启用"人参果"这个吉祥的名字后，即在社会上产生了很大的反响，激发了人们的好奇感，这可能是与《西游记》中所说的"吃人参果长生不老"联系在一起之缘故。

第二节 人参果树式栽培技术管理

一、环境要求

人参果喜温热，不耐低温，在 10～35℃ 范围内能正常生长发育，生育适温白天 20～25℃，夜温 8～15℃，坐果适温 20℃ 左右，低于 8℃ 停止生长，0℃ 以下植株死亡，适宜根系生长的地温为 20℃，如地温低于 10℃，根毛生长缓慢或停止生长。在 15～30℃ 内可不断开花结果，连续结果时间长、坐果率高，亩产可达到 2000～3000kg。

人参果喜阳光充足，光照时间长。尤其是果实成熟期，如光照不足，会延迟成熟。光照过强，伴随高温干燥，又易引起植株卷叶。因此，夏季高温期，特别是果实成熟期，若气温超过 40℃ 须在上午淋水降温或盖遮阳网，以防果实被灼伤。

人参果具有一定的耐旱能力，土壤相对含水率应控制在 55% 左右，生长过程中，土壤始终保持湿润状态，以满足其生长发育之需要。

二、种苗培育

人参果可种子繁殖，也可扦插繁殖。前者育苗时间长，育苗成本高；后者育苗时间短，方便易行，生产上一般不用种子繁殖而是进行扦插繁殖。人参果植株任何部位的芽均可作为繁殖材料，但采用稍有木质化的侧枝较好。

1. 种子育苗

种子用 45℃ 温水浸种 8 小时，在室内 20～25℃ 条件下 5～

7 天发芽。播种前先整好畦面，浇足水，水渗后，将种子均匀撒播在畦面上，播后盖 0.5cm 细沙或蛭石，畦面保持湿润，经 5 ~ 10 天可出苗，当苗长到 6 ~ 7 片叶时移栽。

2. 扦插育苗

多于春秋凉爽季节进行，选用已木质化的枝条、枝杈，保留 3 ~ 4 片叶或芽，剪成 10 ~ 15cm 长左右，并用促根剂处理。扦插在通气良好的苗床上或营养钵中，扦插深度 3 ~ 4cm，间距 5cm 见方。浇足水，适当遮阴，保持 15 ~ 25℃，并保持湿润。枝条 7 ~ 10 天可生根，30 天后成苗，然后移栽至栽培箱或大田。

育苗营养基质配制：按体积比用 1/4 珍珠岩 + 1/4 粗砂 + 1/4 蘑菇料（或泥）+ 1/4 腐熟栏肥同时拌入 5% 的钙镁磷肥，再拌入少许复合生物肥，充分拌匀后备用，覆盖薄膜 24 小时，开启后备用。

三、栽培方式

人参果树仍以采用固体基质箱式无土栽培方式为宜。基质配制与栽培系统与其他瓜类树式栽培类似。

四、定植及管理

定植前把栽培箱或栽培池浇透营养液，使根多带基质定植。

若冬、春季定植，须做好温室保温工作，白天温度保持在 26 ~ 28℃，夜间 15℃ 左右。夏、秋季定植时，用遮阳网遮光降温，7 ~ 10 天植株成活后撤去遮阳网。定植前期每 10 天左右灌施 1 次营养液，浓度 EC 值 1.8 ~ 2.0，开花期每周灌 1 ~ 2 次，浓度 2.0 ~ 2.2，结果期可隔 1 ~ 2 日灌液 1 次，浓度 2.2 ~ 2.5。

五、整枝搭架

由于人参果的茎蔓生，结果后要及时搭架，可在每株人参果上方横拉铅丝，形成平架，或用竹竿和塑料绳搭支架，使果实有规律地垂吊在架上。当株高 30cm 时，进行上架绑缚。

人参果分枝力强，多枝条，应及时修枝打杈。从植株主茎 15~20cm 以上部分，选留 3~5 枝健壮、分布均匀的枝作为主枝，用塑料绳引枝上架，主茎上其余的侧枝全部剪除，每隔 7~10 天整枝 1 次。生长期还要及时摘除主枝上侧芽和植株下部的病叶、老叶、黄叶，以减少养分消耗，加大通风透光条件。

为获得庞大的人参果植株体，达到良好的树式栽培效果，在人参果生长前期应以营养生长为主。因此，要趁早去除新萌发的花果。待植株体长至一定大小，开始留花坐果。开花后 5~7 天，果实开始发育膨大，应及时疏果，在每个侧枝上留 2~3 个花序，每花序留 2~3 个果，其余的花序、小果全部疏除。人参果每个花序上有 22~50 朵小花。正常情况下紫花果率较高，由于温度过高过低养分不良、光照不足等因素造成白花较多，坐果率较低，故在疏花时应疏白花留紫花。

六、采收

人参果坐果后果实增大迅速，果心是空的，当果实发育到一定大小时，再向内发育充实果实。生产上作蔬菜用的一般坐果后 25~30 天采收，若作水果用须待果实充分成熟，一般挂果 70 多天才会转色，果皮转为乳黄色有光泽，果面出现紫色条纹即为完熟。果实成熟后可以挂在植株上 2~3 个月不会自动脱落或变质，具有良好的观赏性。

作为树式观赏栽培，对人参果的果实应延期采收，以保证较长的观赏期。

七、病虫害防治

人参果抗病力极强，一般不会发生病害。但在设施半封闭环境下多年栽培，有时会发生疫病、叶霉病和灰霉病等。灰霉病、叶霉病的防治除了注意通风降湿外，可选用50%速克灵1000倍液或75%百菌清600倍液，于发病初期喷施，连喷2～3次。在温室内用速克灵烟剂、万霉灵粉剂等，也有较好的防治效果。疫病防治可选用40%乙膦铝200～400倍液、64%杀毒矾500倍液或70%代森锰锌500倍液，5～7天喷1次，全株喷施并兼顾地面。

为害人参果最严重的虫害是红蜘蛛和白粉虱，此虫耐高温而且发展很快，主要为害叶片背面。防治红蜘蛛时可用虫螨克1000倍液或大克蜡1000倍液。防治白粉虱除了采用黄板诱杀外，还可用万能粉1000倍液或大比功1000～15000倍液或蚜虱毙1500倍液喷施，5～7天喷1次，连喷2～3次。

应注意，人参果对氧化乐果或敌敌畏十分敏感，易造成毁灭性药害，严禁使用。

第十八章 空心菜树式栽培技术

第一节 空心菜

空心菜植物学名为蕹（wèng）菜（*Ipomoea aquatica*），又名竹叶菜、通菜、藤菜等。新加坡英文中也作 kangkong。为旋花科、甘薯属一年生或多年生草本植物。以嫩茎、叶炒食或做汤，富含各种维生素、矿物盐，是夏秋季主要绿叶菜之一。在空心菜的嫩梢中，钙含量比西红柿高 12 倍多，并含有较多的胡萝卜素。

空心菜须根系，根浅，再生力强。旱生类型茎节短，茎扁圆或近圆，中空，浓绿至浅绿。水生类型节间长，节上易生不定根，适于扦插繁殖。子叶对生，马蹄形，真叶互生，长卵形，叶心脏形或披针形，全缘，叶面光滑，浓绿，具叶柄。聚伞花序，1 至数花，花冠漏斗状，完全花，白或浅紫色。子房二室。蒴果，含 2~4 粒种子。种子近圆形，皮厚，黑褐色，千粒重 32g~37g。空心菜性喜温暖湿润，耐光，耐肥。生长势强，最大特点是耐涝抗高温。在 15~40℃ 条件下均能生长，耐连作。对土壤要求不严，适应性广，无论旱地水田，沟边地角都可栽植。夏季炎热高温仍能生长，但不耐寒，遇霜茎叶枯死，高温地区可终年栽培。蕹菜属高温短日照作物，在江淮流域子蕹能开花结籽。而藤蕹对短日照要求严格，在江淮流域不能开花结籽，只能用无性繁殖。

第二节 空心菜树式栽培技术

一、品种选择

空心菜分为子蕹和藤蕹两类。

1. 子蕹

用种子繁殖，耐旱力较藤蕹强，一般栽于旱地，但也有水生。子蕹又分白花和紫花两种。

（1）白花子蕹：花白色，茎秆较细，叶片大，对日照反应迟缓，适应性强，质地脆嫩，高产，全国各地栽培。如广州大骨青、大鸡黄、温州空心菜，适于浅水栽。浙江龙游空心菜适于水面栽培。

（2）紫花子蕹：花紫色，茎秆略带紫色，品质较差，面积较小，如湖北红梗竹叶菜。

2. 藤蕹

用茎蔓繁殖，一般开花少，更难结籽。质地柔嫩，品质较好，生长期长，产量更高。以水田或沼泽地栽培为主，也可在旱地栽培。如湖南藤蕹、四川藤蕹、广州通菜、江西水蕹。

华北地区宜选用旱生栽培的子蕹，其中北京旱蕹菜和泰国蕹菜为最好，其次四川重庆和浙江丽水空心菜也较实用。树式栽培应选用藤蕹品种。

二、播种育苗

空心菜性喜高温潮湿，华北地区的最佳生长季节是夏季，其余季节则需安排在保护地中进行。它的栽培方法，分为直播栽培和育苗移栽两种，树式栽培一般利用育苗移栽的方式。

空心菜种子的种皮厚而硬，若直接播种会因温度低而发芽慢，如遇长时间的低温阴雨天气，则会引起种子腐烂，因此宜进行催芽。50～60℃温水浸泡30分钟，然后用清水浸种20～24小时，捞起洗净后放在25℃左右的温度下催芽，催芽期间要保持湿润，每天用清水冲洗种子1次，当种子有50%～60%露白时即可进行播种。

播前准备好基质、营养钵或苗床，播种深度3～5cm，亩用种子11kg左右，覆基质后压实，浇透营养液，维持温度30～35℃。4天齐苗后降低温度为25～30℃，并浇水1次。由播种到出苗约需5～7天，在此期间务必保持基质湿润，利于种苗萌芽破土。出苗后紧接再浇一次营养液，即进入生长阶段。苗高10cm，4～5片真叶时，要进行低温炼苗一星期准备定植。定植前一天，苗床浇大水，定植后浇透营养液，第3天浇缓苗水。

三、栽培方式

由于空心菜具有良好的水培适应性，为充分利用水耕栽培优势，空心菜树式栽培可采用箱式或池式营养液水耕栽培方式。栽培系统包括营养液池、水泵、供液管（可选用直径25mm的PVC管）、栽培池或栽培箱（体积约0.8m³左右）及盖板、回液管（可选用直径75mm的PVC管）等，另外，还应增设营养液充气丰氧装置。

四、树式栽培管理

空心菜树式栽培均在设施内进行，历经春夏秋冬等四季变化，应注重温湿度管理工作。冬季栽培时，气温低，湿度大，且持续的低温阴雨天气时间长，对喜温的空心菜生长极为不利，因而保温防寒是栽培的关键。播种后，应及时做好保温、加温工作，保证温室内温度高于10℃，否则会引起冻害。同时在阳光充足，温度较高时，应加强通风，尽量避免大棚内的温度高于35℃，防止植株发生病害，以保持植株的旺盛生长，提高产量。温室内湿度较高时，必须及时进行通风等手段降湿。

空心菜以采收茎叶为产品，以促进茎叶生长为目标，不用经过生殖生长阶段，因此，整个生长期在营养液 EC 值和矿物质营养组分上变动较小。

五、采收

一般播种后 35～45 天，当空心菜植株生长到 35cm 高时即可采收。但树式栽培与常规生产不同，前期采摘时在茎基部多留茎节，以促进茎基部重新多多萌芽，并保持茎蔓粗壮，最终形成树式构型。

采摘时，用手掐摘较合适，若用刀等铁器易出现刀口部锈死。

六、病虫害防治

空心菜主要病害有苗期的猝倒病和茎腐病等，其原因是由于气温低，相对湿度过大所引起的，通过降湿可减轻病害的发生，也可用瑞毒霉或卡霉通防治。

主要虫害有螨类和红蜘蛛等，在栽培过程中应注重预防与治理相结合。

另外，要做好营养液的消毒和及时更换工作。根系部分长期处于营养液中，难免会受到液温过高或过低、氧气不足等不利条件影响，致使根系部分腐烂或发生根际病害。因此，要及时去除腐烂根系，发生大范围烂根问题时，可在营养液中使用乙膦铝杀菌，效果较好。

参考文献

[1] 蒋卫杰，杨其长等．无土栽培特选项目与技术．北京：中国科学普及出版社，2008．

[2] 杨其长，张成波编著．植物工厂化概论．北京：中国农业科学技术出版社，2005．

[3] 杨其长，汪晓云，魏灵玲，梁红，张京生．黄瓜单株高产无土栽培技术．生物学通报，2004，（4）．

[4] 宋卫堂，黄之栋，张树阁．番茄单株高产深液流栽培新技术．生物学通报，2003，（4）．

[5] 张树阁，宋卫堂，黄之栋．温室作物营养液深液流无限生长型栽培技术研究．农业工程学报，2002，（6）．

[6] 程瑞锋，杨其长．甘薯水耕栽培研究．内蒙古农业大学学报（自然科学版），2007，（03）．

[7] 汪晓云，杨其长，刘文科，魏灵玲，段发民．甘薯无土栽培连续接薯技术．温室园艺，2006，（5）．

[8] 刘士哲．现代实用无土栽培技术．北京：中国农业出版社，2000．

[9] 中国农业大学主编．蔬菜栽培学．北京：中国农业大学出版社，2003．

[10] 中国农科院蔬菜研究所主编．中国蔬菜栽培学．北京：农业出版社．1987，2000．

[11] 卢育华主编．蔬菜栽培学各论（北方本，园艺专业用）．北京：中国农业出版社，2000．

[12] 杨邦杰．农业生物环境与能源工程．北京：中国农业科学技术出版社，2002．

［13］崔引安. 农业生物环境工程. 北京：中国农业出版社，1994.

［14］马太和. 无土栽培. 北京：北京出版社，1985.

［15］山崎肯哉著，刘步洲等译. 营养液栽培大全. 北京：北京农业大学出版社，1989.

［16］李式军等编译. 现代无土栽培技术. 北京：北京农业大学出版社，1989.

［17］连兆煌. 无土栽培原理与技术. 北京：中国农业出版社，1992.

［18］张福墁. 设施园艺学. 北京：中国农业大学出版社，2000.

［19］邹志荣. 园艺设施学. 北京：中国农业出版社，2002.

［20］汪懋华. 工厂化农业的发展与工程科技创新. 北京出版社，2000.

［21］李式军. 设施园艺学. 北京：中国农业出版社，2002.

［22］张成波，杨其长. 植物工厂研究现状及发展趋势. 华中农业大学工报增刊，2004.

［23］李远新，番茄的特殊栽培形式——观赏型树式栽培. 蔬菜，2003，（8）.

［24］汪晓云. 蔬菜基质无土栽培的技术调控. 温室园艺，2006，（8）.

［25］日本农山渔村文化协会编，北京农业大学译. 蔬菜生物生理学基础. 北京：农业出版社，1985.

作者简介

杨其长：中国农业科学院农业环境与可持续发展研究所环境工程室主任、研究员、博士生导师，院"设施农业方向"二级杰出人才、设施农业环境工程研究中心主任，并兼任中国园艺学会设施园艺分会常务理事，中国农学会农业科技园区分会副理事长，中国农业大学设施园艺工程方向外聘博士生导师。主要从事的研究方向为"设施园艺"与"生物环境工程"，在温室生态环境模拟与智能化控制、设施园艺工程、植物工厂等领域；先后主持参加国家攻关、863、部门重点、基金项目等科研课题 25 项，发表论文 90 余篇，主编著作 3 部，获国家科技进步三等奖 1 项，部级科技进步二、三等奖各 1 项，北京市科技进步二、三等奖各 1 项，授权专利 12 项，同时还获得第三届"中国农业工程青年科技奖"、第五届"中国青年科技创新奖"、农业部有突出贡献中青年专家和第四届"全国农业科技先进工作者"等奖励或荣誉称号。代表性著作《植物工厂概论》、《无土栽培特选项目与技术》。